解析物理的十层之旅

理解知识的多面性

[马来西亚] 柯家浚 • 著

電子工業出版社
Publishing House of Electronics Industry
北京•BEIJING

内容简介

本书从光与物质的基本概念出发，深入探讨了它们的本质及其相互之间的奇妙作用。作者以通俗易懂的语言，逐步引导读者构建起一种全面的宇宙观，同时引入时间的抽象概念，为读者打开一扇通往物理学深层意义的大门。本书的特色在于其深入浅出的叙述方式，它巧妙地在趣味科普与严谨的教科书之间架起了一座桥梁。通过层层递进的剖析，本书不仅展示了物理学的前沿知识，还穿插了丰富的历史背景，揭示了科学概念是如何随着时间的流逝而逐渐演化的。这种独特的叙述方式，使得复杂的物理理论变得生动而易于理解，让读者在享受阅读乐趣的同时，也能深刻感受到科学探索的无穷魅力。

本书是一本适合所有对科学充满好奇心的读者阅读的图书，无论你是物理专业的学生，还是对宇宙奥秘感兴趣的普通读者，都能在这本书中获得知识的深度和思考的乐趣。

版权贸易合同登记号 图字：01-2024-5496

图书在版编目（CIP）数据

解析物理的十层之旅 : 理解知识的多面性 / (马来)柯家浚著. -- 北京 : 电子工业出版社, 2024. 11.
ISBN 978-7-121-49042-2

Ⅰ. 04-49

中国国家版本馆 CIP 数据核字第 2024497RL6 号

责任编辑：官　杨
文字编辑：高丽阳
印　　刷：中国电影出版社印刷厂
装　　订：中国电影出版社印刷厂
出版发行：电子工业出版社
北京市海淀区万寿路 173 信箱　　邮编：100036
开　　本：880×1230　1/32　　印张：7.25　　字数：174 千字
版　　次：2024 年 11 月第 1 版
印　　次：2025 年 4 月第 6 次印刷
定　　价：89.00 元

凡所购买电子工业出版社图书有缺损问题，请向购买书店调换。若书店售缺，请与本社发行部联系，联系及邮购电话：（010）88254888，88258888。

质量投诉请发邮件至 zlts@phei.com.cn，盗版侵权举报请发邮件至 dbqq@phei.com.cn。
本书咨询联系方式：faq@phei.com.cn。

目录

光

物 质

相互作用

宇 宙

时 间

光在我们的生活中无处不在。无论是自然光还是人造光，人类对它们的存在已经习以为常了，以至于很少有人会去深入探讨光的本质，甚至光的起源。其实光并不像教科书所描述的那么简单，光本身还存在着许多不为人知的秘密。本章会探讨一些有趣的光学现象，以及背后的原理，并且为大家深度解析光的本质。

光

光的速度能够被改变吗

在高中物理中，我们学到了光在不同介质中有着不同的传播速度，也就是光经过介质时会慢下来。光的速度真的能够被改变吗？接下来我们探讨一个问题：当光从空气中射入玻璃中时，光的传播速度会变慢吗？

光在不同介质中有不同的传播速度

改变光速到底有多难

要想知道光经过介质时是否真的会慢下来，我们必须先知道改变光速到底有多困难。这里有三个物理原理能证明人类很难改变光的速度。

第一，根据狭义相对论里的光速不变原理，所有的观测者都认为光在真空中的传播速度是一样的。举个例子，假设有一辆火车以 0.5 倍光速运行，而火车的车头有一盏发亮的灯，那么站在路边的静止观测者看见的灯发出的光的速度是多快呢？按照常理来说，静止观测者看见的灯发出的光的速度应该是 1.5 倍光速。然而根据光速不变原理，静止观测者看见的灯发出的光的速度依旧是原来的光速。

第二，改变光的能量只能改变光的频率和波长，不会改变光速。举个例子，如果我们用某种仪器增加光的能量，光的频率就变高，波长就变短，但光速依旧是不变的。

第三，光子被物理学家定义为零质量的其中一个原因是光子的传播速度永远都是光速。有质量的粒子的传播速度不可能达到光速，要想承认光子慢下来了，就必须承认光子经过介质时通过某种机制获得了质量。

以上三个原理都表明了改变光速是非常难的，甚至是不可能的。区区一杯水，真的能改变光的速度吗？虽然有各种说法来解释“光慢”这种现象，但大多数说法都是不合理的。所以本节分为两个部分，第一部分会分析那些解释光慢现象的流行说法，并且批判其中的不合理性及理论的局限性，而第二部分将会给出光慢现象真正的原理，并且为大家深度解析光慢现象的本质。

小贴士

1. 光速不变原理是狭义相对论的基本假设之一，也是爱因斯坦在提出狭义相对论时的核心观点。该原理表明，在任何惯性参考系中，光在真空中的速度都是恒定不变的，即光速不会因观测者运动状态的改变而改变。这意味着无论观测者是静止的还是以任何速度运动的，他们都会测得光在真空中的速度为299 792 458m/s。

2. 光子的能量可以通过以下公式计算：$E = hf = \frac{hc}{\lambda}$，其中，$f$ 代表光的频率，λ 代表光的波长，h 为普朗克常量，c 为光速。

学术界对光慢现象的三种说法

早在 1851 年，法国物理学家阿曼德·斐索就已经用干涉仪证明了光经过介质会慢下来。但“慢”这个字其实有三层意思：速度变慢、距离变长和时间变长。什么意思呢？让我举个例子。小明应朋友邀约，从家里出发到某商场的餐厅。抵达后，小明被朋友告知他来晚了。小明迟到的原因可能有三种。第一种是小明在路途中塞车了，车速变慢，所以迟到了。第二种是小明走错路了，走的距离变长了，所以迟到了。第三种是小明在半路休息，花费的时间变长了，所以迟到了。以上三种原因表明“慢”这个字有三种情况：速度变小、距离变长，以及时间变长。所以，目前学术界有三种不同看似合理的说法来解释光慢现象。

第一种说法，光在介质中受到了阻力，所以导致了光的速度变慢。

在我们的日常生活中，人走在水中会感受到阻力，所以行走速度会变慢。这个例子经常用来解释光在水中变慢的现象。当光经过水时，会受到水的阻力。受到阻力的光经历了能量损耗，导致了光的动能变小。光的动能越小，光的速度就越慢，所以光经过介质时会慢下来。

然而，这种说法存在三个问题。

第一个问题，光会受到阻力吗？我们先不论阻力这个概念是否适用于光，如果光真的会受到阻力，那么光速应该在同一个介质中越来越慢，直到光停下来。

第二个问题，就算光受到了某些特别的阻力，不会导致光变得越来越慢直到停下来。那为什么光离开介质时会继续以光速传播？光究竟通过什么方法重新获得已损耗的能量？

第三个问题，就算光能通过某些机制重新获得已损耗的能量，那为什么光的能量变化会改变光速，而不是改变频率和波长呢？举个例子，在康普顿散射中，光子会损耗一些能量，并导致光的波长变长、频率变低。然而，光子的速度并没有因能量损耗而减小，改变的是依旧是光子的波长和频率。很显然，光在介质中受到介质的阻力而慢下来这种说法是错误的。

可能这时候还是有人想用高中物理来反驳：介质密度越大，折射率就越大，光速就越小，这不就是支持“阻力说”的有力证据吗？确实，介质密度越大，介质内的原子就越多，折射率就越大。但是这只是对同一种介质而言的。你如果尝试对比两种不同的介质，就能发现问题所在了。举个例子，水和油的密度分别为1 000kg/m^{3}以及900kg/m^3，而水和油的折射率分别为1.33以及1.44。不难看出，水的密度比油大，但是水的折射率反而比油小。这意味着光有可能在密度比较小的介质中反而传播得比较慢。

所以，对于不同的介质，介质的密度与光的传播速度并没有直接的关系。因此，光在介质中受到了阻力并导致光的速度变慢这种说法是不正确的。

小贴士

1. 折射率指的是光在真空中的速度与其进入介质后的相速度之比。举个例子，水的折射率是1.33，表示光在真空中的传播速度是在水中的传播速度的1.33倍。
2. 康普顿效应由美国物理学家阿瑟·康普顿首先在1923年观察到。康普顿散射是指当X射线或γ射线的光子跟物质相互作用时，因失去能量而导致波长变长的现象。此过程中光速依旧保持不变。

第二种说法，光在介质中的原子之间发生散射，导致光传播的实际路线变长，所以看起来光速变慢了。在这个散射的过程中，光的传播速度依旧是光速 c。

这种说法存在两个问题。

第一个问题，如果光在原子之间散射，那么光的散射方向会非常多，这就会导致光在折射后应该是散开的，而不是聚集的。然而，我们在折射实验中所观测到的光是聚集的。很显然，这与实际观测不符。

第二个问题，在散射过程中，每条传播路径都不一样长，这将会导致不同路径的光以不同的时间离开介质。不过，光散射的现象确实是存在的。比如我们在空气中从侧面看不见激光，在水中却能从侧面看见激光。因为激光会在水中发生散射，所以激光才能到达我们的眼睛。不过，散射现象不能用于解释为什么光经过介质时会变慢。

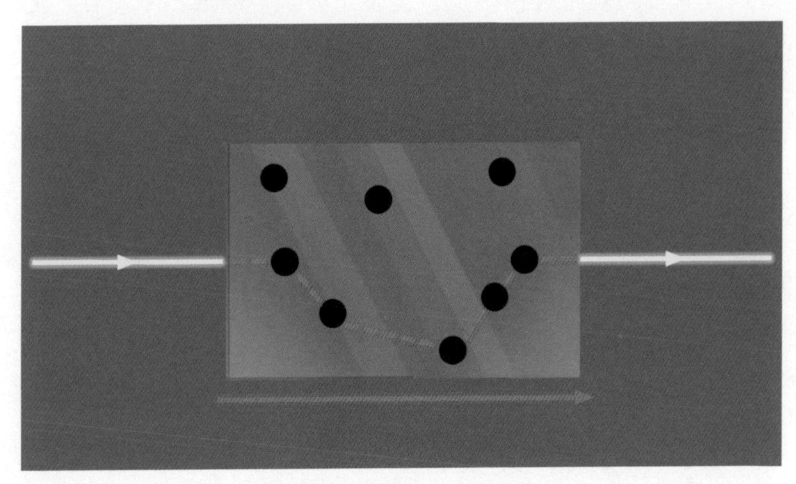

光在介质中的原子之间发生散射

第三种说法，光子经过介质时，被介质中的原子不断地吸收和发射，导致光经过介质时发生了延迟，所以看起来光速变慢了。在这个吸收和发射的过程中，光子的速度依旧是光速 c，没有被改变。

这种说法看似合理，在实验中，电子也确实可以处于激发态一小段时间，所以光子的吸收和发射可能有一定的延迟。

然而，这种说法依旧存在两个问题。

第一个问题，量子跃迁是随机过程，是概率事件，没有人能够保证被原子发射的光子是朝同一个方向的。如果光子发射的方向是随机的，那我们不可能得到聚集的折射光。不仅如此，也没人能保证量子跃迁的延迟时间是一样的。如果光子发射的时间是随机的，那我们理应观测到光以不同的时间离开介质。微观世界中物理过程的随机性是量子力学规律的根本特性，同样的初始实验条件可能会导致不一样的结果。

第二个问题，虽然物理学家已经在色散实验中证明了光的频率对折射率有一定的影响。但是根据玻尔的原子模型，原子只能吸收特定波长的光。也就是说，光的波长对折射率的影响应该有明显的“断层”。举个例子，如果某种介质只能吸收蓝光，那么理论上只有蓝光的传播速度会慢下来，折射率大于1，其余的光不受影响，折射率等于1。因此，光的波长对折射率的影响应该是非常大的。但是并没有任何实验能证明这种说法，所以这种说法也是错误的。

其实这里还有一个非常有意思的地方。在色散现象中，电磁波频率越高，折射率就越大。不同频率的光会以不同的角度离开介质，所以这种现象被称为色散。这意味着介质的折射率是会随着光的频率的变化而变化的。而介质的折射率又和光在介质中的传播速度有关系。电磁波频率越高，折射率越大，光的传播速度就越慢。简单来说，高能量或高频率的电磁波经过介质时传播速度会比较慢。这种现象非常令人不理解，凭什么高能量的电磁波经过介质时传播速度会比低能量的电磁波更慢？这里先卖个关子，后面我就会聊其中的机制。

既然以上三种说法都是错误的，那什么说法才是正确的呢？有什么物理模型能够解释这种现象呢？

如何用电磁理论解释光速变化

根据麦克斯韦的电磁理论，加速或振荡的带电粒子能够产生电磁波。而带电粒子的振荡频率和电磁波频率是相同的。当我们说电磁波的频率是100Hz时，其实我们也是在指带电粒子的振荡频率是100Hz。

电磁波能够导致带电粒子发生振荡吗？答案是肯定的。为什么呢？如果我们要让带电粒子发生振荡，就一定要给它施加上变化的电场。我们都知道电磁波本身就有变化电场，所以电磁波也可以让带电粒子发生振荡。现在通信所用的天线就是利用了这个原理。发射天线利用交流电产生电磁波，而接收天线则接收电磁波产生交流电。这里还有一种非常有意思的现象：如果我们有两个或两个以上的带电粒子，那我们就能制造一个循环系统：让带电粒子发生振荡并产生电磁波，而产生的电磁波让另一个带电粒子发生振荡，并继续产生电磁波。带电粒子产生的电磁波被称为第一级电磁波，在第一级电磁波的作用下，带电粒子振荡并产生的电磁波被称为第二级电磁波。

电磁理论和光慢现象有什么关系呢？光是一种电磁波，那么光就能使介质中的原子的电子发生振荡。振荡的电子再次辐射相同频率的电磁波。这个电磁波又让下一个电子发生振荡并辐射电磁波。这个过程会一直循环，直到光离开介质。所以这里有两个级别的光。第一级光是电子接收到的电磁波，第二级光则是振荡电子发出的电磁波。相较于第一级光，第二级光会有一小段延迟。根据波的叠加原理，第一级光和第二级光叠加后是有延迟的，所以光慢现象才会发生。

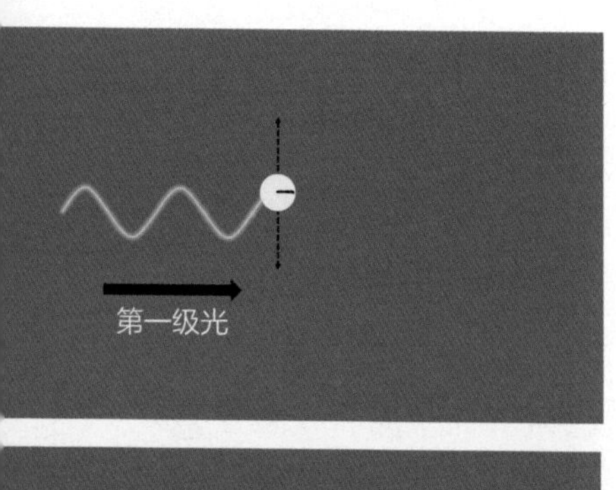

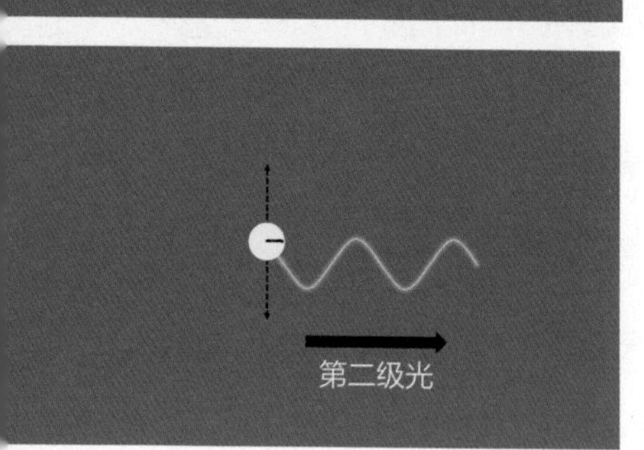

第一级光与第二级光

可能这时你会有一个疑问：为什么第二级光会有延迟？难道是电子的反应有点慢吗？是电子在感受到了电场后没有立即做出反应，而是等了1μs后才开始振荡，还是电子在感受到了电场后立即做出反应，但反应了1μs后才开始辐射电磁波？

洛伦兹谐振模型

为了解释上面的延迟问题，就需要提到一个非常简单的物理概念，那就是简谐运动。谐振子有很多种。有简单的，比如一个弹簧连接着一个质量体；也有复杂的，比如多个弹簧连接着多个质量体。但是它们都离不开一个最重要的概念，那就是回复力。

为什么我们在挤压弹簧时会感受到排斥力，而在把弹簧拉长时会感受到“吸引力”？

其实根据牛顿第三定律，在挤压一块普通的铁时我们也能感受到方向相反的力。但是弹簧的特别之处在于它能储存宏观能量。什么意思呢？假设我用5J的能量去挤压一块铁，在我松手后这份能量就“不见了”，这份能量被转化为热能了。但是如果我把5J的能量施加在弹簧上，这份能量会被弹簧储存起来。在我松手后，这个弹簧会迅速弹开并开始振荡。从某种意义上来说，弹簧中的能量是会“还”给我的。你可以理解为弹簧是“有借有还”的，而一块普通的铁是“只借不还”的。来自弹簧的排斥力和“吸引力”就是回复力。这个回复力可以用胡克定律来表示：

$$F_{回复力} =- kx \quad (1\text{-}1)$$

式中，$F_{回复力}$为弹簧的回复力，k 为弹簧的劲度系数，x 为伸长量。

离平衡点越远，回复力就越大，所以回复力的大小与伸长量成正比。不过，有阻尼的简谐运动都会经历能量损耗。速度越快，系统经历的阻力就越大。因此，阻力大小与速度成正比。我们可以把阻力写成这样的形式：

$$F_{阻力} =- bv \quad (1\text{-}2)$$

式中，$F_{阻力}$为系统中的阻力，b 为阻尼系数，v 为运动速度。

如果向阻尼振荡系统提供持续的外力或者驱动力，我们就能够得到受迫振荡系统。我们将这个驱动力暂时写成余弦的形式，这是因为光的电场是按照余弦的形式变化的：

$$F_{驱动力} = F_0 \cos \omega t \quad (1\text{-}3)$$

式中，$F_{驱动力}$为系统中的驱动力，F_0 为驱动力最大值，ω 为驱动角频率，t 为时间。

最后，我们可以把受迫振荡系统以牛顿第二定律的形式写出来：

$$F_{回复力} + F_{阻力} + F_{驱动力} = ma \qquad (1\text{-}4)$$

式中，$F_{回复力}$为弹簧的回复力，$F_{阻力}$为系统中的阻力，$F_{驱动力}$为系统中的驱动力，m 为物体的质量，a 为加速度。

接下来我们要严格证明电子和原子核能成为受迫振荡系统。在此之前，我们先来做一个思想实验。假设我们在真空中放置两个负电荷，并让它们保持一定的距离。虽然这两个负电荷会互相排斥，但是它们已经固定，是不会移动的。如果我们再在这两个固定的负电荷的正中间放置一个正电荷，那么正电荷就是静止的。这个中心点就是正电荷的平衡点。有意思的是，如果我们让这个正电荷稍微远离平衡点，在理想情况下，即两个负电荷对正电荷的吸引力相等时，正电荷就会像弹簧一样上下摇摆，这时库仑力就相当于系统的回复力。

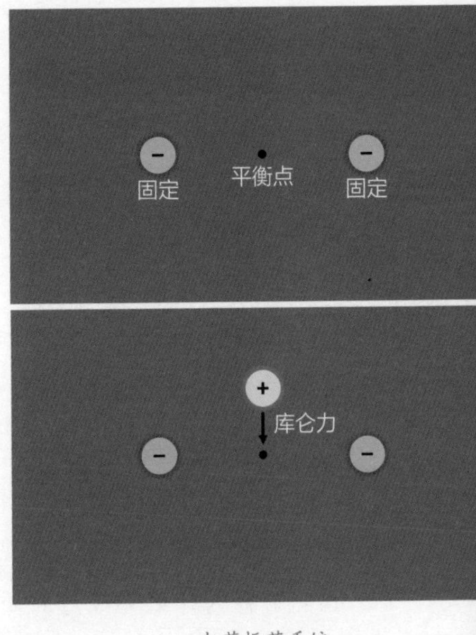

电荷振荡系统

原子中的原子核和电子云也是一样的道理。原子核在电子云的中心点就是最平衡的状态。当我们施加一个往上的电场时，带正电的原子核会向上而带负电的电子云会向下，原子核和电子云之间的库仑力就会充当回复力，让原子核回到平衡点。不过，实际情况是原子核比电子云重太多了，所以对于原子核的运动我们可以不用考虑，只需要考虑电子云会振荡并产生电磁波就行了。当然，这种现象也是有实验证明的。比如在1920年被检测到的朗谬尔波已经证明了电子能够像弹簧一样，发生振荡并产生电磁波。所以我们能够得到一个小结论：由于电子和原子核之间具有回复力，所以它们之间能够形成简谐运动。

接下来要证明电子和原子核是一个阻尼振荡系统。那么问题来了，电子会受到某种阻力吗？其实所谓的阻力本质上就是通过某个机制让物体发生能量损耗。同样，振荡的电子能够辐射出电磁波，辐射出的电磁波就是系统的能量损耗。这种阻力也被称为辐射阻力。因此，电子和原子核组成了一个阻尼振荡系统。

最后就是要证明电子和原子核组成了一个受迫振荡系统。这非常简单。光进入介质所提供的振荡电场，就是让电子发生振荡的驱动力。所以介质里的电子和原子核属于受迫振荡系统，而这个受迫振荡系统可以抽象为洛伦兹谐振模型。洛伦兹谐振模型是由荷兰物理学家亨德里克·安东·洛伦兹提出的，能替我们解释为什么光经过介质时传播速度会慢下来。

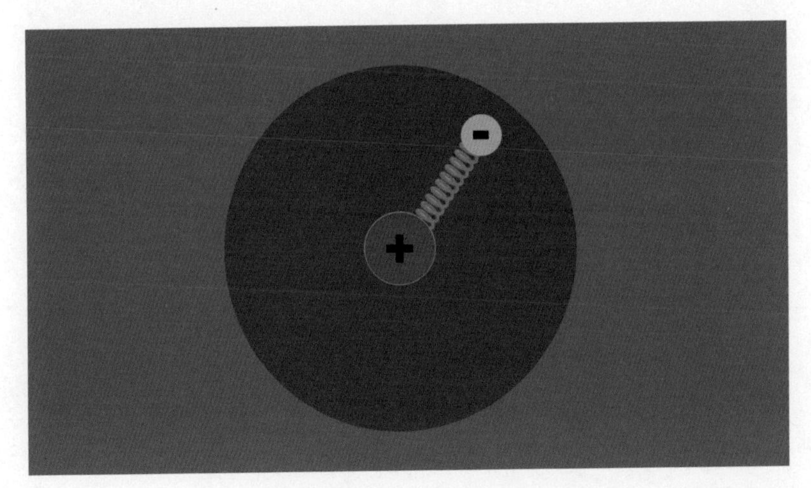

洛伦兹谐振模型（受迫振荡系统）

> 小贴士
>
> 洛伦兹谐振模型是一个物理模型，用于描述振荡系统中的行为。它最初由荷兰物理学家洛伦兹于1912年提出，用来解释原子中的电子在电磁场中的振荡行为。这个模型在统计力学和动力学中也有广泛应用。

如果原子是一个受迫振荡系统，那么我们可以把式（1-4）重新排列并写成微分方程的形式：

$$\frac{\mathrm{d}^2x}{\mathrm{d}t^2}+\frac{b}{m}\frac{\mathrm{d}x}{\mathrm{d}t}+\frac{k}{m}x=\frac{F_0}{m}\cos\omega t \tag{1-5}$$

我们可以再把式（1-5）进行一些简化并写成这样的形式：

$$\frac{\mathrm{d}^2x}{\mathrm{d}t^2}+\gamma\frac{\mathrm{d}x}{\mathrm{d}t}+\omega_0^2x=\frac{qE}{m}\cos\omega t \tag{1-6}$$

我们可以通过解微分方程（1-6）来推导出电子位置（第二级光）与光的驱动力（第一级光）之间的关系：

$$x = \frac{qE/m}{\sqrt{(\omega_0^2 - \omega^2)^2 + (\gamma\omega)^2}} \cos(\omega t - \phi) \tag{1-7}$$

式中，x 为电子位置，q 为电子电量，E 为电磁波电场强度，m 为电子质量，ω_0 为电子振荡自然角频率，ω 为电磁波振荡角频率（驱动角频率），γ 为阻尼系数[与式（1-2）中的阻尼系数 b 不同，$\gamma = b/m$]，t 为演化时间，ϕ 为相位延迟。

根据式（1-7），我们得出电子的位置和光之间有一个相位延迟 ϕ，而这个相位延迟导致了光经过介质时变慢了。不仅如此，如果继续用式（1-7）推导介质折射率，我们就能够得到一个与电子电量、电子质量、电磁波角频率、自然角频率等有关系的折射率公式，而不是高中物理所学的经验公式。这个折射率公式就是：

$$n = 1 + \frac{Nq^2}{\varepsilon_0 m(\omega_0^2 - \omega^2 + i\gamma\omega)} \tag{1-8}$$

式中，n 为折射率，q 为电子电量，ε_0 为真空介电常量，m 为电子质量，ω_0 为电子振荡自然角频率，ω 为电磁波振荡角频率（驱动角频率），γ 为阻尼系数，N 为电子数量。

通过上面的推导，我们能得出以下结论：由于电子跟不上来自第一级光的驱动力，导致了电子辐射的第二级光相较于第一级光迟了一些。第一级光和第二级光发生叠加后，能产生小于 90° 的相位延迟。由于介质里的原子数量非常庞大，所以它们造成的相位延迟是非常可观的。

这里还有另一种理解方式。我们在高中物理所学的双缝干涉的原理就是波峰和波谷的叠加。然而，两道光叠加后变黑暗了，就表示能量不守恒吗？并不是不守恒，能量只是被重新分配而已。同样，假设有两位观测者 A 和 B 站在真空中并保持一定的距离。观测者 A 在真空中发射一束光，观测者 B 在 1s 后检测到光的波峰。如果我们在这两位观测者中间加上一块玻璃，观测者 B 会在 1.5s 后才检测到波峰。这是因为光在介质里发生了干涉，一开始的波峰已经被其他光的波谷抵消了。由于观测者 B 不能在 1s 后等到波峰的到来，所以自然地认为光的速度变慢了。其实光的能量只是在介质里被重新分配而已，光的速度依旧是 c，从未改变。

大家甚至还可以这样理解。光经过介质时把一部分能量分给电子，就是要让它发生振荡，并产生一模一样的电磁波。可是电子就是“不争气”，反应比较慢，跟不上光的驱动力，导致了电子产生的电磁波比光慢了半拍。在与电磁波进行叠加后，光看起来就变慢了。

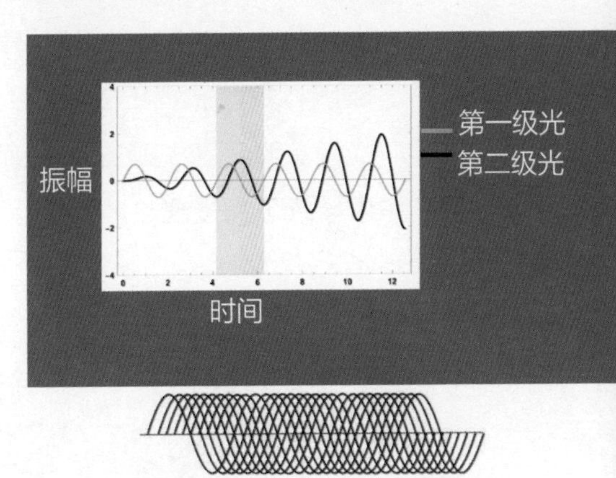

第一级光与第二级光之间的相位延迟

如何解释色散现象？其实洛伦兹谐振模型也能解释色散现象。在色散现象中，高能量的电磁波经过介质时会比低能量的电磁波的速度更慢。为什么呢？这是因为高能量电磁波的电场振荡频率太高了，电子完全跟不上电场振荡的频率，导致电子发出的电磁波有了更大的延迟。光波发生叠加后，光也有非常大的延迟。因此，介质的折射率和电磁波的频率有关。换句话说，光的频率越高，相位延迟越大，光速越慢，介质的折射率越大，光的折射角度就越大。这就是色散现象产生的原因。

总的来说，光经过介质时会慢下来不是因为介质有阻力，不是因为光在原子之间发生多次散射，也不是因为光被原子不断地吸收和发射，而是因为介质里的原子能成为受迫振荡系统。当光进入介质时，介质里的电子会随着光振荡，并辐射第二级光。第二级光与第一级光叠加后会有相位延迟，所以光的波峰往后移了一点点，如此循环下去，直到光离开介质。这就是光经过介质时速度会慢下来的原因。总而言之，电磁波与介质之间的相互作用导致了光慢现象的发生。

为什么光会折射

多数教科书都是这样介绍折射现象的：由于光在不同的介质中有着不同的传播速度，所以光经过不同的介质时，传播方向会被改变。根据介质的折射率，我们能预测光的折射角度或者光的传播方向。然而事实真的这么简单吗？我在前面已经为大家科普过了为什么光经过介质时速度会变慢（参见上一节），也反驳了几个广泛流传的说法。同样，虽然许多教科书已经对折射现象给出了五花八门的解释，但多数的说法都是错误或者不完整的。因此，本节先反驳那些看似合理的错误说法，然后再为大家科普正确的折射机制。

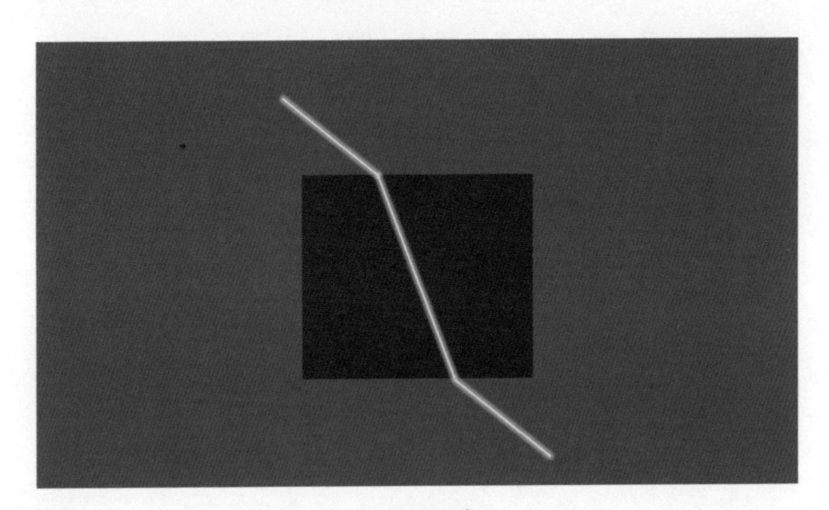

光的折射现象

学术界对折射现象的三种说法

第一种说法，费马原理。光在不同的介质中有着不同的传播速度，所以两种介质之间的最短距离不一定是需时最少的。法国数学家皮埃尔·德·费马认为在折射现象中，光传播的路径是需时最少的路径，而这条路径是遵从斯涅尔定律的。这可以通过数学推导出来。

其实不需要严格的数学推导，我们也可以用逻辑思考哪条路径是需时最少的。大家可以参考下面的图，假设有一个人溺水了，在沙滩的救生员要把溺水的人救上来。救生员在沙滩上的移动速度是很快的，在水中的移动速度是比较慢的。那么问题来了，救生员应该通过什么路径去救人呢？路径 A 是在沙滩上跑最短的距离，并在水中游最长的距离。路径 B 是救生员与求救者之间最短的距离。路径 C 是比较平衡的，在沙滩上跑一大段距离，在水中游一小段距离。路径 D 是在沙滩上跑最长的距离，并在水中游最短的距离。很显然，路径 C 是最优的路径。这是因为路径 C 是需时最少的路径。

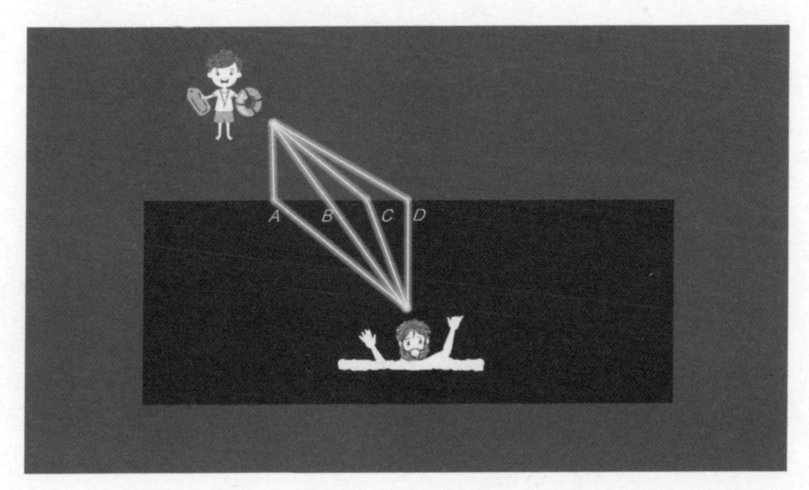

费马原理的折射机制

有意思的地方来了，如果海水的密度被改变了，同时，假设海水密度越大，救生员在水中的移动速度越慢，那么这条路径也是要被改变的。举个例子，当海水的密度更大时，救生员应该在沙滩上跑更长一段距离，在水中游更短一段距离。这种现象其实与折射现象非常相似。当介质折射率改变时，光的前进角度也会随之改变。换句话说，光为了走需时最少的路径，而改变了前进角度。这样，费马原理看似解释了折射现象。但是这种说法其实存在两个问题。

第一个问题，费马原理只解释了光做了什么，而不是光为什么这样做。举个例子，在解释为什么小球会从山顶滚到山谷时，有些人会说所有小球会自发地从高势能处滚到低势能处。这种说法虽然没错，但它只是在描述了小球做了些什么，并没有解释为什么小球会这样做。至于为什么小球会这样做，其实关系到万有引力，也就是引力拉着小球往低处坠落。这意味着只有用万有引力才能真正地解释小球为什么会从高处滚到低处。同样，费马原理并没有对折射现象给出真正的解释，并没有告诉我们为什么光会折射，只是给了我们一个预测光的方向的方式。

第二个问题，就算我们假设光传播的路径就是需时最少的路径，那为什么光会有意识地去选择路径呢？举个例子，一颗滚动的小球总不可能为了减少能量损耗有意识地绕开摩擦力比较大的地方吧？

第二种说法，惠更斯原理。根据惠更斯原理，波前上的每一点都可以被视为产生球面次波的点波源。这些次波的叠加决定了波的形式。而惠更斯原理是这样解释折射现象的：当一束平行光进入介质界面时，它的波前被看作由许多相邻的波峰或波谷组成的平面波前。每个波前上的每一点都可以被视为一个次波源，打在介质上后发射出新的波。新的波是由所有这些次波源发出的波叠加而成的，它们形成了新的波前。如果画出新的波前，我们会发现新的波前相较于旧的波前歪了一点点，所以光就会折射。很多教科书都在用惠更斯原理来解释折射现象。然而，惠更斯原理真的没有问题吗？

有不少物理学家对这个惠更斯原理提出了质疑。比如著名的美国物理学家理查德·费曼认为惠更斯原理在光学中是不正确的。不仅如此，美国物理学家梅尔文·施瓦茨认为惠更斯原理给出了正确的答案，但给出的原因是错误的。事实上，惠更斯原理的局限性很大，其中的问题也很多。我们可以通过惠更斯原理画出其他的波前，这就导致了光的折射方向非常多，所以光经过介质时应该是发散开来的。所以惠更斯原理并不能解释折射现象。

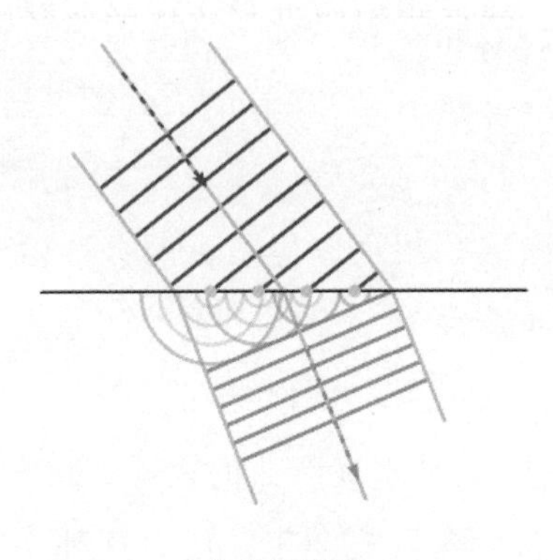

惠更斯原理

小贴士

1. 斯涅尔定律：当光从一种介质传播到另一种具有不同折射率的介质中时，会发生折射现象，其入射角与折射角之间的关系可以用斯涅尔定律来描述。这一定律是由荷兰数学家和物理学家威廉·斯涅尔在17世纪提出的。

2. 费马原理最早由法国科学家皮埃尔·德·费马在1662年提出：光传播的路径是光程取极值的路径。这个极值可能是极大值、极小值或函数的拐点。费马原理也被称为“最短时间原理”，但是费马原理更正确的称谓应是“平稳时间原理”：光沿着所需时间最平稳的路径传播。

第三种说法，光与物质的相互作用。光与物质有多种发生相互作用的方式。第一种就是介质里的原子吸收光子，并朝着一个角度重新辐射光子，形成折射现象。其实前面已经提到了，原子吸收及发射光子这个物理过程是有量子效应的，所以原子发射光子的方向也是有一定随机性的。因此，我们可以排除原子吸收发射光子这种可能性。第二种就是光在原子之间发生散射，宏观上就有了折射。

我们暂且不论这些相互作用是否能够准确地推导出斯涅尔定律，这种说法本身就有一个很严重的问题。由于介质中的原子的数量是一个天文数字，所以光在同一种介质里必定会发生多次折射。折射后的光会形成弯曲的轨迹，而不是直线。很显然，这种说法已经不符合实际观测了，所以这种说法解释不了为什么光只在介质的表面发生折射。

电磁场的边界条件

既然以上三种说法都是错误的或者不完整的，那么折射现象究竟是如何发生的？别急，先让我做三个小铺垫。

第一个铺垫是关于矢量的。两个分矢量相加可以得到合矢量。如果我们同比例改变这两个分矢量的大小，那么这个合矢量的方向是不变的。如果我只改变其中一个分矢量的大小，那么合矢量的方向就会被改变。

第二个铺垫是关于光的偏振的。我们都知道光是一种电磁波。电磁波的电场方向、磁场方向和传播方向是互相垂直的。电场对电磁波而言极为重要，这是因为光的偏振是由电场方向决定的。如果电场方向被改变了，那么为了维持电场、磁场及光的传播方向的正交性，光的传播方向也会跟着被改变。

第三个铺垫是关于电场对原子的影响的。虽然每个原子都是中性的，但原子的各个部分不是。如果我们给原子施加一个外部电场，带正电的原子核会顺着电场方向移动，而带负电的电子云会逆着电场方向移动。原子核和电子云一定是朝反方向运动的，这就是所谓的极化。不仅如此，被极化的原子会产生反方向的内部电场来与外部电场抗衡，导致总电场减小。

好了，现在我们可以把这三个铺垫放在一起讨论并解释折射机制了。首先，当光以某角度射入介质时，光的电场可以被分解成两个分量：平行于介质边界的电场，我们称之为电场 x。垂直于介质边界的电场，我们称之为电场 y。由于电场 x 对光的折射并没有任何影响，所以我们只需要考虑电场 y。接下来，当光进入介质时，电场 y 会让介质里的原子发生极化。极化后的原子会产生内部电场，与电场 y 抗衡，导致光的电场 y 减小，而电场 x 则不受影响。当电场 y 减小时，总电场方向也会跟着改变。由于总电场的方向改变了，为了维持电场与光的传播方向的正交性，光的传播方向也跟着改变。

小贴士

电磁波是指同相振荡且互相垂直的电场与磁场，是一种非机械波，在空间中以波的形式传递能量和动量，其传播方向垂直于电场与磁场的振荡方向。电磁波不需要依靠介质进行传播，在真空中其传播速度为光速。电磁波可按照频率分类，从低频率到高频率，主要包括无线电波、微波、红外线、可见光、紫外线、X 射线和 γ 射线。人眼可感知的电磁波波长为 380 ~ 780nm，称为可见光。

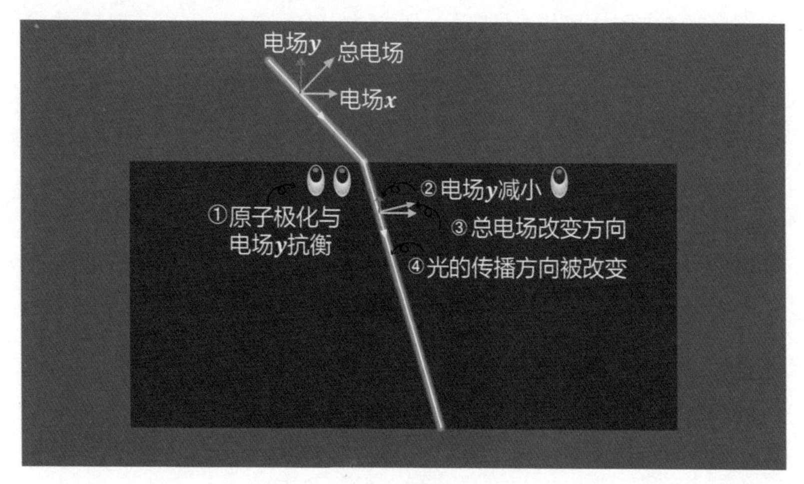

光的折射机制

然而，这种说法还存在三个问题。

第一个问题，为什么折射现象只发生在介质的表面？光在介质中不会发生多次折射吗？虽然原子发生极化了，但是介质的中间部分依旧是电中性的。这是因为极化原子的正负极被抵消了，整体来看介质的内部是电中性的。所以只有介质的边界是带正电荷或负电荷的。这解释了为什么光不会在介质里发生多次折射。

第二个问题，为什么电场 x 并没有被减小？难道电场 x 不能像电场 y 一样，让原子发生极化，产生反方向的内部电场，让整体电场减小吗？如果是这样，那么光的传播方向理应不会改变啊。确实，电场 x 同样也会让原子发生极化，但它不会让电场 x 减小。这是因为极化后的原子是对称的，是电中性的，所以极化原子并没有产生内部电场与电场 x 抗衡。同样，电场 x 也能产生表面正负电荷，但是光并没有接触到电场 x 所产生的表面电荷。这也是我一再强调折射现象只发生在介质的边界上的原因。

第三个问题，电场 y 被原子减小了，那么能量岂不是不守恒？一般来说，电能有两种储存方式。第一种方式是储存在真空里，而第二种方式是储存在物质里。我们都知道正电荷的电场朝外，而负电荷的电场朝内。

所以大家可以这样理解：当光进入介质时，介质表面的正电荷会让电场减小，所以光会折射。不过，当光离开介质时，另一侧的表面负电荷会把电场还给光，并导致光回到原来的传播方向。所以能量依旧是守恒的。这一套折射模型就是电磁场的边界条件。按照这个思路，可以很好地描述和解释其他光学现象，比如部分反射及偏振现象。这个折射模型的适用范围比惠更斯原理广多了。比起费马原理，这个电磁场的边界条件模型能给出光折射的原因。光的折射是光与物质发生相互作用导致的，并不是什么光选择需时最少的路径传播。

> 小贴士
> 电磁场的边界条件用来描述电磁场在两种介质边界上的条件，这些条件通常包括电场和磁场的连续性及各分量的关系。

折射现象的概率诠释

除了电磁场的边界条件能解释折射现象，还有一种理论能解释折射现象，那就是量子电动力学。

首先我们来探讨一个问题：光真的是沿着直线传播吗？假设 A 点有一个光源，那么光应该如何从 A 点传播到 B 点呢？如果中间有一个挡板，那么光就传播不了。如果挡板有一个小缝隙，那么光就会衍射。如果挡板有两个缝隙，那么光就会分裂成两道光，这两道光就会互相干涉并形成明暗相间的干涉条纹。如果有三个缝隙，那么分裂成的三道光就会互相干涉。四个缝隙，五个缝隙，甚至一百个缝隙也是如此。有意思的地方来了，如果挡板有无穷多个缝隙呢？是不是就意味着当光从 A 点传播到 B 点时，有无穷多道光在互相干涉，并形成新的路径？

可能你会认为，不对，无穷多个缝隙的挡板不就是等于没有挡板吗？光从 A 点传播到 B 点不就是走简单的直线吗？怎么会有光分裂成无穷多道光并互相干涉这种荒谬的结论？其实从某种意义上来说，这个结论是正确的。这是因为在量子世界里，光从 A 点传播到 B 点时，确实经过了所有的路径，并最终到达 B 点。更准确地说，每一条路径都提供了概率幅，概率幅的叠加决定了光走的真实路径。而这，就是著名的美国物理学家理查德·费曼对光的比较另类的描述。这套理论也被称为路径积分量子化。

费曼等人提出的量子电动力学是物理学史上最精确的理论。这是因为当物理学家用量子电动力学来计算电子的磁矩时，理论计算值和实验测量值在小数点后 11 位都能保持吻合。这就好比我们在测量两个国家之间的距离时，把误差控制在一根头发丝的直径大小之内。量子电动力学对电磁现象的描述的精确程度是令物理学家惊叹的。可能这时你会好奇，为什么我们需要量子电动力学来描述光学现象呢？用高

挡板有无穷多个缝隙

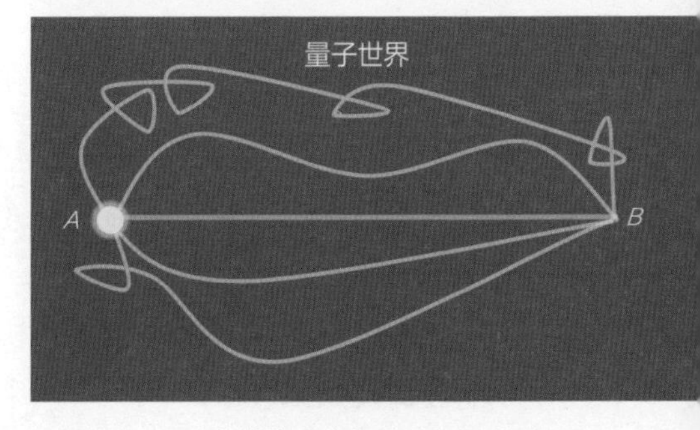

每条路径都提供了概率幅

中所学的知识来描述光学现象就已经足够精确了啊。其实，当我们习以为常的光学现象涉及单个光子时，就会冒出“光子有意识地选择路径”这类的结论。所以我们必须有一套量子理论来解释折射现象。

> 小贴士
> 量子电动力学（QED）是相对论性量子场论。它在本质上描述了光与物质之间的相互作用，是第一套同时符合量子力学及狭义相对论的理论。

要想理解量子电动力学的精髓，首先我们来看一下光的部分反射现象。当光射入玻璃板时，就会发生折射。不过实验数据表明，对于某种玻璃板，只有 96% 的光会通过去，而剩下 4% 的光会被反射。这种现象被称为部分反射现象。如果我们用非常弱的光，也就是用少量光子来做这个实验，结果也是如此。举个例子，当 100 个光子一个个射向玻璃板时，会有 96 个光子通过玻璃板，剩下的 4 个光子会被玻璃板反射。

这时我们就已经遇到一个难题了：那就是光子是怎样有意识地选择要折射还是反射，难道就不会出现全部光子选择通过玻璃板的情况吗？我们暂时把这个问题放在一旁，接着往下看。

现在我们把光子探测器拿到玻璃板的下方。按理说，如果第一个表面能反射 4% 的光，第二个表面同样能反射 4% 的光，那么玻璃板最多只能反射 8% 的光。举个例子，当 100 个光子射向第一个玻璃表面时，有 96 个光子能通过，剩下的 4 个光子被玻璃表面反射。当 96 个光子通过第二个玻璃表面时，有 92 个光子能通过，剩下的 4 个光子被玻璃表面反射。整体来看，有 92 个光子通过了玻璃板，8 个光子被玻璃板反射。这意味着玻璃板在理论层面上最多只能反射 8% 的光子（以上计算四舍五入到整数）。

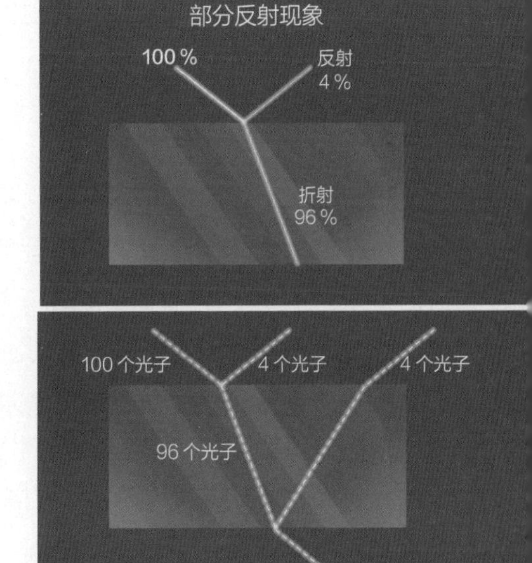

光的部分反射现象

然而，当物理学家尝试改变玻璃板厚度时，实验结果却令人大跌眼镜。当玻璃板的厚度接近 0 时。几乎所有光子都能通过玻璃板。当玻璃板的厚度逐渐增大时，被反射的光子比例也逐渐增大。当玻璃板的厚度增大至一定的程度后，有 8% 的光子被玻璃板反射，这个 8% 就是前面提到的理论上玻璃板能反射光子的最大数量。当玻璃板的厚度继续增大时，被反射的光子数量继续增加，最多能达到 16% 。当玻璃板的厚度再继续增大时，反射光子的数量却逐渐减少，并进入一个循环。这意味着反射光子的数量与玻璃板的厚度存在一定的关系。

然而，这种现象本身就存在三个问题。

第一个问题：为什么反射光子能被放大至理论的反射光子数量的两倍，也就是16%呢？

第二个问题：为什么在特定的情况下没有光子被反射？

第三个问题：也就是一开始提到的问题，当光子一个个通过玻璃板时，它们如何判断要通过玻璃板还是反射？难道100个光子已经提前自行分配好要折射还是反射了吗？按理说这100个光子是互相独立的，不可能事先沟通好。

可能这时你会认为，不对啊，光的部分反射现象不是可以用波动理论来解释吗？确实，部分反射现象是可以用波的叠加原理来解释的。根据波动光学，当玻璃板厚度发生变化时，在第一个表面被反射的光波与在第二个表面被反射的光波存在相位差。由于光的相位差会导致干涉现象，所以光波的反射率会随着玻璃板厚度的变化而变化。举个例子，当玻璃板的厚度到一定的程度时，就会发生相长干涉，反射光会增强。在特定的情况下，光会发生相消干涉，反射光会被削弱，所以所有的光都能通过玻璃板。这些都是可以通过计算得出的，而且与实验结果符合得很好。

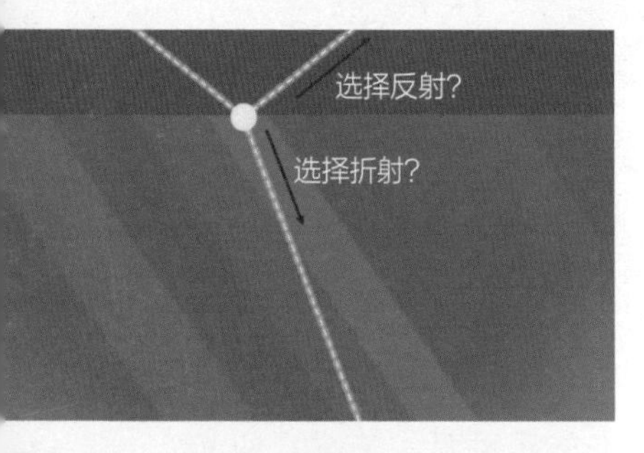

光选择的路径

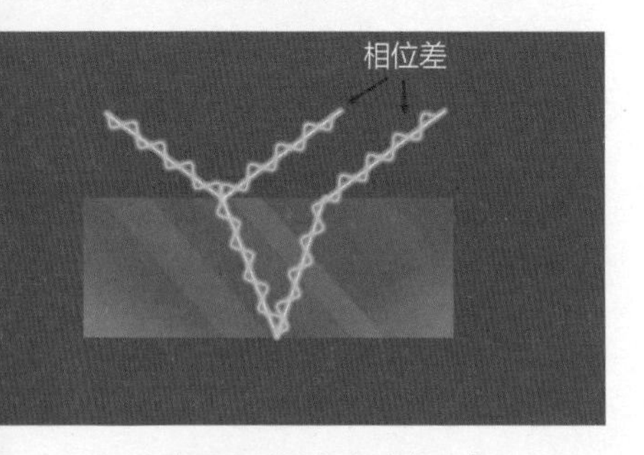

波动理论解释部分反射现象

然而，还是那个老问题。当物理学家用非常微弱的光，也就是用一个个光子来进行实验时，得出的实验结果是相同的。物理学家不理解为什么光子会有意识地判断要反射还是要折射。至少目前为止光的波动说是不能完全解释光子的部分反射现象，也不能解释为什么光子会选择特定的路径来传播的。

要解释光的部分反射现象，我们必须理解光的本质到底是什么。当然，每个人对光有着不同的见解。光可以是光线、光波、光子或者电磁波。这完全取决于我们想要用什么理论去描述特定的光学现象。举个例子，在描述一些简单的光学现象时，我们可以把光当成光线。在面对一些比较复杂的光学现象时，我们必须考虑到光是一种电磁波，能与物质发生相互作用。同样，为了描述光子的部分反射现象，我们必须用波函数描述光。

那么问题来了，什么是波函数呢？1926年，奥地利物理学家埃尔温·薛定谔给出了著名的薛定谔方程。然而，由于薛定谔方程存在虚数，所以当时的物理学家并不理解薛定谔方程的物理意义，其中也包括薛定谔本人。不久后，德国物理学家马克斯·玻恩给出了波函数的物理意义，也就是波函数的模平方就是概率密度。这总算解释了波函数到底是什么东西。

不过，这里必须强调一点。光是波和用波函数描述光是完全不同的概念。用波函数描述的光并不是实体意义上的波，而是概率波。这意味着光子在空间的位置是随机分布的，波函数坍缩后会有一个确定的位置。比如在单光子的双缝干涉实验里，一列概率波的两个波前同时从两个狭缝以同心圆形式传播出去。两列概率波发生叠加后会决定光子在探测屏上有可能出现的位置。而其概率分布恰好与探测屏上出现的明暗相间的干涉条纹一致。光打在探测屏上后，波函数坍缩并有了一个确定值，我们就知道这里有一个光子。爱因斯坦描述的光子是普通的粒子，而费曼描述的光子是一个“波函数”，是会随着时间演化的。

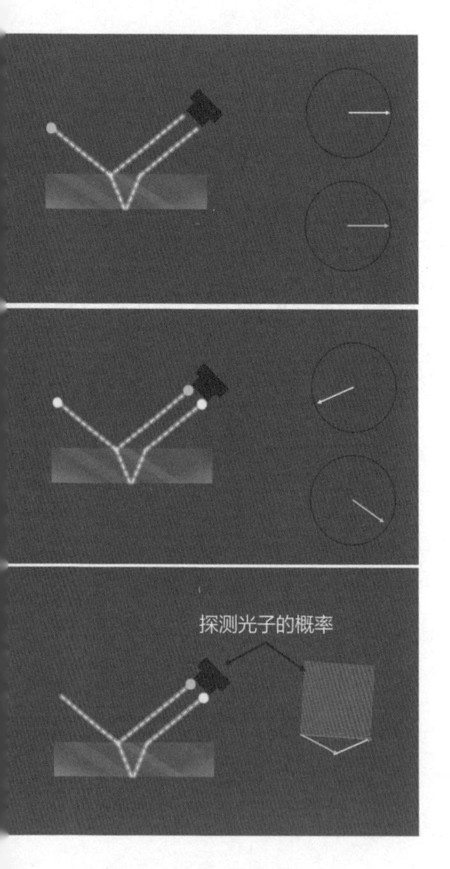

部分反射现象的初状态、末状态，以及最后计算的概率

由于光子的波函数是会随着时间演化的，所以我们可以把光子的波函数当成一个小箭头。箭头长度的平方代表着概率的大小。在光子的传播过程中，这个小箭头会高速旋转。如果光子被物质吸收，那么这个小箭头就停止转动。所以这个箭头的方向是会随着光的传播时间改变的。如果涉及两个或以上的光子，小箭头是可以根据矢量法则来进行叠加的，并形成另一个箭头。而这个叠加后的箭头长度的平方就是我们能探测到光子的概率。举个例子，在第一个表面反射的光子传播到探测器所花费的时间比较短，而在第二个表面反射的光子传播时间比较长。我们能得到两个方向不一样的小箭头。两个小箭头叠加后

形成另一个箭头。这个箭头长度的平方就代表我们能够用探测器检测到光子的概率。

> 小贴士
> 薛定谔方程是量子力学中最基本的方程之一，描述了微观粒子的运动和行为。它由奥地利物理学家埃尔温·薛定谔于1926年提出。薛定谔方程可以用来计算微观粒子的波函数，从而得到粒子在空间中可能的位置和能量。

让我们回到部分反射这种现象。我们可以把小箭头的长度设定为0.2，当玻璃板的厚度约等于0时，光子在第一个表面反射与在第二个表面反射并到达探测器所花费的时间是几乎相同的。由于它们的小箭头能够互相抵消。所以探测器能检测到光子的概率约等于0。当玻璃板厚度增大至一定的程度时，光子在第二个表面花费比较久的时间到达探测器。两个小箭头叠加后再计算其长度的平方，我们能得出光子有8%的概率会到达探测器。如果我们继续增大玻璃板的厚度。两个箭头叠加后能达到最大的概率，也就是16%。如果玻璃板的厚度再继续增大，两个箭头方向又会不一样，所以概率就会减小，并进入一个循环。这就是反射光子的数量会随着玻璃板厚度的增大而变化的原因。

光的概率诠释总算解释了光子的部分反射现象。概率诠释也成功地避免了“光子会有意识地选择特定的路径”这一类结论。虽然光子本身的行为是概率性的，不过至少自然界允许我们用一些数学工具来计算这个概率。

反射现象也是如此。假设我们有一个光源、一个光子探测器和一面镜子。如果我们在光源和探测器的正中间放置一个障碍物，那么除了衍射，光子只有一种方式能到达探测器，那就是反射。在经典光学里，光的入射角必须等于反射角。不过，在量子世界里，光子要走过所有路径后到达探测器。更准确来说，每一条路径都提供了一定的概率幅，并决定了光的最终路径。而这些路径不一定需要满足反射定律，所以入射角不一定要等于反射角。现在，让我们尝试让光子走过所有的路径并到达B点，所有光子的波函数叠加后能得到一个概率幅。从这里我们能够观察到几个点：第一，经过镜子正中间的光子的传播时间是最少的。第二，经过镜子左右两边的光子路径并没有提供任何“有用的”概率，这是因为它们的波函数互相抵消了。第三，镜子中间的光子路径提供了“有用的”概率。所以我们能够得出一个结论，那就是光子在镜子的中间部分被反射。当然，考虑的路径越多，我们就能够得到越准确的结论。

让我们接着来看折射现象。我们都知道，光在水中的传播速度比较慢。假设光要从S点传播到P点。在经典光学里，光会通过折射到达P点。但是在量子世界里，光会经过所有路径并到达P点。更准确来说，每条路径都会提供一定的概率幅，并决定了光的真实路径。如果我们尝试模拟一下光子从S点传播到P点的过程，并让波函数演化，在它们的波函数箭头叠加后，不难发现概率的“主要贡献者”来自中间的部分。周围比较“奇怪”的路径被抵消了。我们能发现光传播的最优的折射路径满足斯涅尔定律。这就是量子版本的折射现象。

总的来说，光的概率诠释能够很好地解释折射现象。这套理论的核心物理思路就是费曼的路径积分量子化方案，它至少为我们解释清楚了量子版本的折射机制。

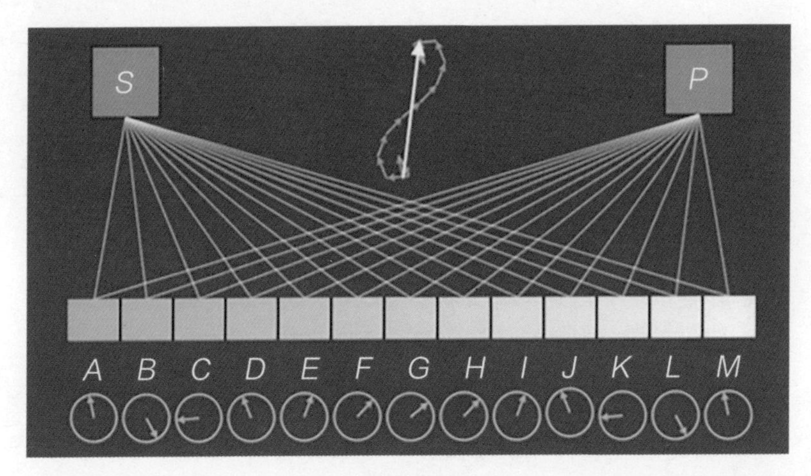

光的反射现象

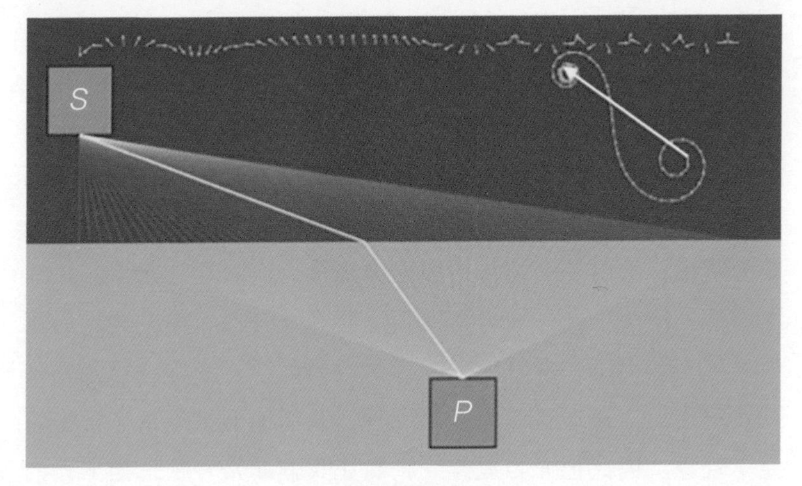

光的折射现象

对光的十层理解

每个人对光有着不同层次的见解。有人认为光就是光，没什么特别的，只是能让我们看见的一种存在。有人认为光象征着永恒，这是因为宇宙中最早的一批光子经过了137亿年仍然在传播，是一种历久不衰的存在。也有人认为光既不是固体、液体，也不是气体，是宇宙中一种特殊的存在。但可以肯定的是，目前物理学家对光的描述越来越复杂和抽象了，光并没有大家想象中那么简单。那么光究竟是什么呢？光的起源是什么样的？光的存在意义是什么？为什么光有无限长的寿命？光到底还藏着什么秘密？为了解答以上所有问题，本节将会把对光的理解分为十层，并且为大家深度解析光的本质。

几何光学

第一层，光就是光线。光就是光线这种说法非常符合普通人对光的理解。这是因为在日常生活中，我们所见到的光都是沿着直线传播的。我们在高中物理中所学的几何光学就是以光线为基础，给出了光的传播和成像规律。而几何光学有四大基本原理：第一，光在均匀介质中沿着直线传播。第二，光的反射角等于入射角。第三，光的折射遵从斯涅尔定律。第四，光路是可逆的。根据这四大基本原理，我们能够推导出非常多的光学现象。因此把光当成光线，能让我们非常轻松地预测光的传播路径，也能解释大部分光学现象。

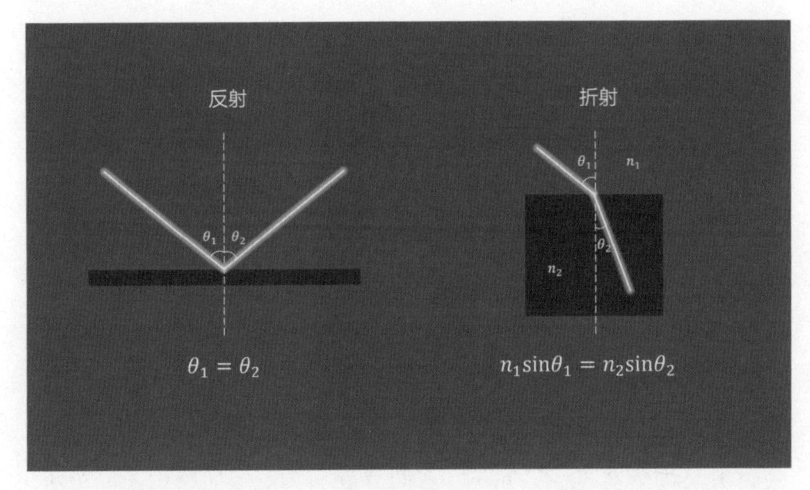

光的反射与折射

牛顿的微粒说

第二层，光就是粒子。第一层提到的几何光学存在一个问题。那就是几何光学仅仅用数学方法总结出光的传播规律，并没有对这些光学现象做出解释。举个例子，几何光学只是告诉我们光会反射和折射，以及光如何反射和折射，但它并没有解释为什么光会反射和折射。而牛顿给出了一个合理的解释。

> 小贴士
>
> 几何光学是光学的一个分支，主要研究光线的传播和反射，但不考虑光的波动性质。它基于一组简化的规则和原理，以几何的方式描述光线在透明介质中的传播、折射和反射。

1687 年，牛顿发表了《自然哲学的数学原理》，其中包括了著名的万有引力定律，以及三大运动定律。由于牛顿给出的三大运动定律能够很好地描绘粒子的运动，所以牛顿就顺理成章地把光当成粒子来解释所有的光学现象，并在 1704 年发表了《光学》。牛顿在他的书中解释了光为什么会反射和折射，也解释了他自己所发现的色散现象。

牛顿是这样解释这些光学现象的：光遇到水面后会反射，就像小球碰到地面后会被反弹一样，遵从牛顿运动定律。而光会折射是因为水面与“光球”之间存在引力，水面吸引了“光球”向法线靠近，所以才导致了折射现象的发生。那为什么会发生色散呢？根据牛顿的解释，由于不同颜色的“光球”有不同的质量，它们受到了不同程度的引力影响，所以导致了折射率的不同。比如红球的质量最小，它受到的引力是最小的。所以红球的偏转角度是最小的，红球的折射率是最小的。与第一层相比，牛顿似乎很好地解释了光为什么会发生反射、折射和色散，这是几何光学解释不了的。由于牛顿在力学上的成就，光的微粒说在光学领域统治了整整 100 年。

光的波动说

第三层，光就是波。1801 年，来自英国的科学家托马斯 · 杨进行了一场光的双缝干涉实验。当光通过双缝后，光在观察板上产生了明暗相间的条纹。这意味着光能互相抵消并“制造黑暗”。由于牛顿微粒说解释不了光能“制造黑暗”这种现象，于是光的波动说再一次回到了大众的视野中。这是因为光的波动说能够很好地解释干涉现象。

光的波动说是这样解释干涉现象的：光是一种波，所以有波峰和波谷。当波峰与波峰相遇时，它们会相互加强并形成亮带。当波峰和波谷相遇时，它们会互相抵消并形成暗带。通过计算，我们能够得出亮带和暗带出现的位置。因此，把光当成一种波能够很好地解释干涉现象和衍射现象，也顺便解释了为什么光能够“制造黑暗”。

不仅如此，光的波动说也能解释光的反射现象与折射现象。根据惠更斯原理，波前的每一点会发出次波，而这些次波会互相干涉，叠加后形成新的波前。所以惠更斯原理能够解释很多光学现象，这似乎意味着光的波动说完胜牛顿的微粒说。

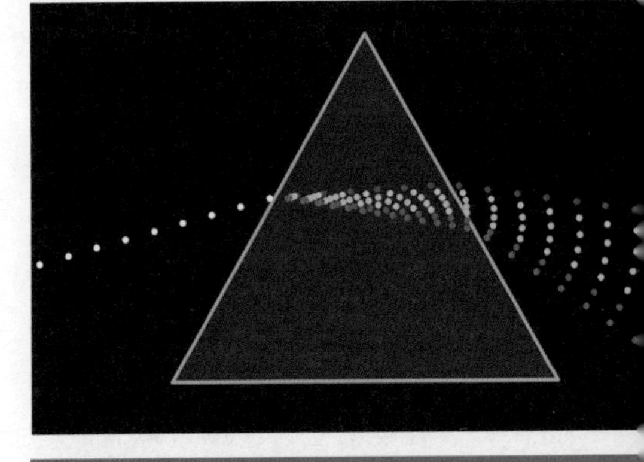

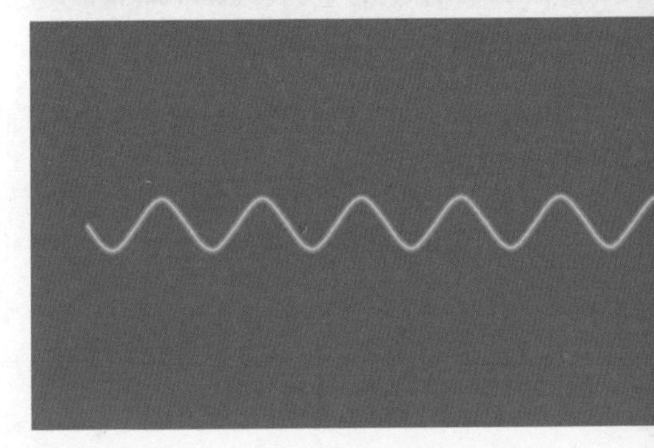

光是粒子 vs 光是波

小贴士

衍射现象是指波遇到障碍物时偏离原来的直线传播路径的物理现象。光的衍射效应最早是由弗朗西斯科·格里马第发现并加以描述的：光不仅会沿直线传播、折射和反射，还能够以第四种方式传播，即通过衍射的形式传播。

麦克斯韦的电磁理论

第四层，光是电磁波。前面提到了光是波。那么问题来了，光是横波还是纵波呢？1809年，法国物理学家艾蒂安－路易·马吕斯在实验中发现了光的偏振现象，这意味着光是一种横波。但是当时的物理学家并不清楚光的偏振的本质到底是什么。1864年，英国物理学家詹姆斯·克拉克·麦克斯韦提出了麦克斯韦方程组，这个方程组总结了电与磁的现象，并完成了电与磁的统一。

有趣的是，他的电磁理论还预言了电磁波这样一个东西。他计算了电磁波的速度后，发现了一个惊人的事实，那就是电磁波的传播速度与当时所测量到的光速是几乎相等的。于是麦克斯韦大胆推测光是一种电磁波。如果光是电磁波，那么光本质上就是同相振荡且互相垂直的电场与磁场。因此物理学家才开始意识到原来光的偏振方向与电场方向有关。而且光的电磁理论很好地解释了所有的偏振现象。

不仅如此，之前提到的几何光学和惠更斯原理仅仅是在用数学来推导光学现象，而电磁理论则注重光与物质之间的相互作用。也就是说几何光学只能描述光学现象，而电磁理论能解释光学现象背后的原因。根据光的电磁理论，光的电场能让介质里的原子发生极化，并导致了一系列的光学现象，比如光慢现象及折射现象。所以光的电磁理论能给出光的折射和反射的真正的原理，把光当成电磁波也能解释经典波动理论解释不了的色散现象。

此外，根据电磁理论，振荡中的带电粒子能产生电磁波。这解释了光的产生机制，也就是光是通过加速的带电粒子产生的。不仅如此，电磁理论也用频率重新定义了光，也就是电磁波可以按照频率来分类。比如我们日常生活中看见的光只是电磁波的冰山一角，在可见光以外还有 γ 射线、X 射线、紫外线、红外线和微波等。这意味着我们日常所见的光及无线电波从根本上就是同一种东西。

光的电磁理论带来了几个新的结论。第一，光的微粒说彻底被打败。因为偏振属于波的性质，偏振不可能出现在粒子身上，所以光是一种波。第二，光需要时间来传播，并不存在超距作用。第三，光会发生反射、折射和色散是因为光与物质里的原子发生了相互作用。第四，电磁理论解释了光的起源，也就是光是通过加速的带电粒子产生的。因此，光的电磁理论进一步完善了光的波动说。这似乎意味着关于光的物理大厦已经建好了。

光速不变原理

第五层，光速是不变的。根据经典力学，任何一种波都需要传播介质。举个例子，声波的传播需要空气，水波的传播需要水。同样，由于光是一种波，所以物理学家认为光的传播也需要某种介质。于是物理学家就大胆假设宇宙中到处散布着一种被称为以太的物质，作为光的传播介质。按照当时人们的理解，以太是绝对静止的。如果地球以 30km/s 的速度围绕着太阳公转，地球就必然迎面受到 30km/s 的以太风。

为了寻找传说中的以太，两位美国物理学家阿尔伯特·迈克尔孙与爱德华·莫雷进行了一场测量以太风速的实验。虽然我们不可能直接观测到或者测量到以太，但我们可以通过测量光速来验证以太的存在，这是因为光是依靠以太传播的。按照当时的推测，在不同的方向上测得的光速应该是不同的。换句话说，在以太风中“逆行”的光理应慢于和以太风同向传播的光。然而实验结果显示，不同方向上的光速并没有任何差异。即便如此，当时的物理学家还是坚持相信以太的存在。

虽然这个迈克尔孙－莫雷实验并不足以推翻以太假说，但是这个实验为我们带来一个非常“荒谬”的结论，那就是真空中的光速对任何观测者来说都是相同的。1905 年，著名的物理学家爱因斯坦做了一个非常大胆的决定，那就是抛弃以太，以光速不变原理和狭义相对性原理为基本假设建立了狭义相对论。其中光速不变原理就是真空中的光速对任何观测者来说都是相同的。

这个光速不变原理带来了很多有意思的结果。比如著名的钟慢效应、尺缩效应、同时相对性等。不仅如此，经典物理学因为狭义相对论的诞生还需要被修正。通过狭义相对论，物理学家额外总结出了光的几个特性，这些特性我会放到后面几层中讲。

光量子假说

第六层，光是光子。虽然光的电磁理论能解释几乎所有的光学现象，但是有一样东西是电磁理论解释不了的——光电效应。

当光照向金属板时，金属板中的电子会被轰飞。但是当时的物理学家发现这个实验存在两个问题。第一，被轰飞的电子动能只和光的频率有关，和光强无关。第二，如果光的频率低于某个阈值，则无论光有多强，都不会发生光电效应。这些现象在当时是匪夷所思的。这是因为波动理论认为不论红光、蓝光还是紫光，只要光的振幅足够大或照射时间足够久，都能产生光电效应。

这就好比一个人搬不动的重物，可以让两个人来搬，两个人搬不动可以叫三个人来搬，人多总能把重物搬起来。然而实际情况是，再强的低频光用再久的照射时间也无法让电子离开金属板。只有高于某个频率的光才能让电子离开金属板。这就好比在搬重物时附加了两个限制条件：第一，一个人一次只能搬一个重物，不允许两个人搬。第二，只有特定年龄以上的人才能搬得起重物。举个例子，我可以限定这些重物只有年龄大于13岁的人才能搬得动，所以无论来多少个小孩子都搬不动重物。这是因为一个小孩子一次只能搬一个重物，不能全部人一起搬。

因此，爱因斯坦通过以上实验提出，光就是一种粒子，也就是光量子，俗称光子，如果我们把光当成一种粒子，就能够很好地解释光电效应。第一，光子的频率和能量有关。频率越高，能量越大。这解释了为什么只有当光的频率达到某个阈值时才能轰飞电子。第二，电子一次只能吸收一个光子。这解释了为什么再强的低频光或者再多的低频光子也轰飞不了电子。

由于爱因斯坦的光量子假说完美地解决了光电效应问题，他获得了1921年的诺贝尔物理学奖。爱因斯坦的发现也让光的微粒说重新登上了历史舞台。通过爱因斯坦的狭义相对论和光量子假说，物理学家总结出了光的另外几个特性。第一个特性就是第五层提到的光速不变，也就是光速在任何参考系中都是相同的。第二个特性就是光子的质量是0。这是因为有质量的物体不可能达到光速。第三个特性则是光子感受不到时间的流逝。这是因为以光速运动的物体的时间是静止的。所以光子的寿命是无限的，光子是不会衰变的，是宇宙中最稳定的存在。这就是137亿年前的光子依旧在宇宙中传播着的原因。对光子而言，光子从发射到被吸收是瞬间发生的事情。因为爱因斯坦，光是粒子这种说法又重新回到了大众的视野中。

波粒二象性

第七层，光既是波又是粒子。虽然爱因斯坦说光是一种粒子，但这并不代表波动理论被推翻了。这是因为我们依然需要用波动理论来解释光的干涉现象和衍射现象。为了同时保全光的波动理论和粒子理论，物理学家索性就提出光既是波又是粒子的概念，也就是所谓的波粒二象性。那么既是波又是粒子的光到底长什么样子呢？按照当时人们的理解，光束是由无数的光子组成的，而光束本身是具有波动性的。这就好比无数水分子形成了海浪，而海浪本身具有波动性。光子组成光束，而光束具有波动性这一套说法也是第一个版本的波粒二象性。然而，随后的一场双缝干涉实验终结了物理学家天真的想法。

1909 年，英国物理学家杰弗里·泰勒爵士进行了一项与传统双缝干涉实验不同的实验。这个实验的特殊之处在于他让光子一个个通过狭缝。令人惊讶的是，最终他发现这个实验仍然产生了明暗相间的干涉条纹。这意味着一个光子可以同时通过两条狭缝，自己与自己“互相”干涉。当然，当时的物理学家还能勉强接受这个实验结果。这是因为光的本质是电磁波，单个光子也是电磁波。由于单个光子能被双缝平分，所以一个光子可以同时通过两条狭缝是一件很正常的事情。这一套说法就是第二个版本的波粒二象性。

可惜的是，随后的电子双缝干涉实验推翻了这个版本的波粒二象性。这是因为电子并不是电磁波，但电子一个个地通过狭缝后，依旧会出现明暗相间的干涉条纹。所以这个时候诞生了第三个版本的波粒二象性，也就是光有时会展现波的性质，有时会展现粒子的性质。虽然这个版本是比较常见的解释，但是这个版本的说法存在一个问题，那就是为什么光子可以有意识地选择展现波的属性还是粒子的属性？虽然这种现象是可以被解释的，可是这将使我们对光的理解复杂化，这是物理学家不愿意见到的情况。

说了那么多版本的波粒二象性，我们应该如何正确理解波粒二象性呢？很简单，光子本身确实是一种波，但并不是所谓的光子波，而是概率波。在双缝干涉实验里，一列概率波的两个波前同时从两个狭缝以同心圆形式传播出去，也就是一列概率波分成了两列概率波。两列概率波发生叠加后会决定光子在探测屏上有可能出现的位置，而这个概率分布恰好与探测屏上出现的明暗相间的条纹一致。光打在探测屏上后，波函数会坍缩并有了一个确定值，而这个确定值对应着所谓的粒子。因此，把光当成一种波函数，波函数坍缩后变成粒子这一套说法就是第四个版本的波粒二象性，也是目前比较主流的一种说法。而物理学家似乎离光的本质更近了一步。

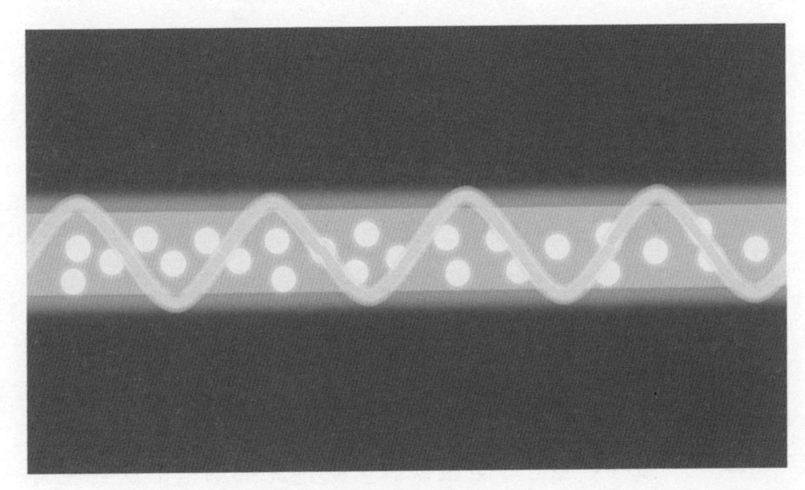

光的波粒二象性

光能制造物质

第八层，光能制造物质。根据粒子标准模型，基本粒子之间能相互转化。举个例子，在 β 衰变中，中子能转变为质子，还会释放出一个电子和一个反电中微子。可能这时你会好奇，为什么这个过程会伴随着这些额外产物呢？原因很简单，人们一度认为，自然界要求所有的物理过程必须满足质量或能量守恒定律，所以反应前和反应后的质量或能量必须是相同的。

可是按照同样的逻辑，质子质量约为电子的 1 836 倍，那么一个质子能变成 1 836 个电子吗？答案是否定的。这是因为自然界还要求所有的物理过程必须满足电荷守恒定律。由于在一个质子变成 1 836 个电子这个物理过程中电荷是不守恒的，所以一个质子是不可能变成 1 836 个电子的。

除了这几条比较著名的守恒定律，自然界还会要求所有的物理过程必须满足更多守恒定律，比如重子数守恒定律、角动量守恒定律等。这些守恒定律禁止了一些比较荒谬的物理过程的发生。反过来说，如果某个假想的物理过程满足所有已知的守恒定律，那么该过程可能会被自然界允许发生。而光制造物质这个物理过程，是可以发生的。

1927 年，英国物理学家保罗·狄拉克根据他的狄拉克方程预言了反物质的存在。反物质有一种比较有意思的物理现象，那就是当物质和反物质相遇时，两者会湮灭并产生高能光子。反过来，两个光子相撞后也能产生电子和正电子。湮灭反应是被允许的，其中有两个原因。第一，这个物理过程满足守恒定律。第二，由于基本粒子的反应过程一般来说都具有时间反演对称性，所以湮灭这个过程是可逆的。湮灭反应相反的物理过程就是成对产生，成对产生就是指两个光子能产生一对正反物质粒子。

光能制造物质这种现象已经在 1932 年的实验中证实了，英国物理学家帕特里克·布莱克特也因此获得了 1948 年的诺贝尔物理学奖。光能制造物质这种现象让物理学家重新思考了物质的定义和边界，其中最常见的问题就是——光可以算是一种物质吗？

光是虚粒子

第九层，光是虚粒子。第五层提到过，波需要介质来传播，但是光偏偏就是那个例外。光不需要任何介质来传播，光在真空中就可以传播了，所以以太假说就被抛弃了。不过，量子场论为我们找到了类似光的传播介质，也就是电磁场，在量子理论中，我们更喜欢称之为光子场。而量子场论是这样描述宇宙的：我们的宇宙中到处充斥着不同种类的量子场，比如电子场、夸克场、希格斯场和光子场，等等。量子场的激发态就是所谓的粒子，比如电子场的激发态就是电子，光子场的激发态就是光子。宇宙中所有的物理现象都是这些量子场与其激发态之间的相互作用。有趣的是，就算在真空中，这些量子场依旧存在，所以真空并不空。

不仅如此，在没有任何激发态的情况下，这些量子场也不会保持能量为0，而是有一定的涨落。也就是说这些量子场就像一件有褶皱的桌布，不能做到完全平直。根据量子场论，真空中会凭空出现大量的虚粒子对，一正一反，然后又在极短的时间内湮灭消失。这种现象已经被实验证实了，比如在卡西米尔效应中，真空中的两片中性的金属板之间会出现吸引力。因为虚光子以驻波的形式存在于两个金属板之间，所以两个金属板之间产生了吸引力。而这个实验也证实了虚光子是真实存在的。

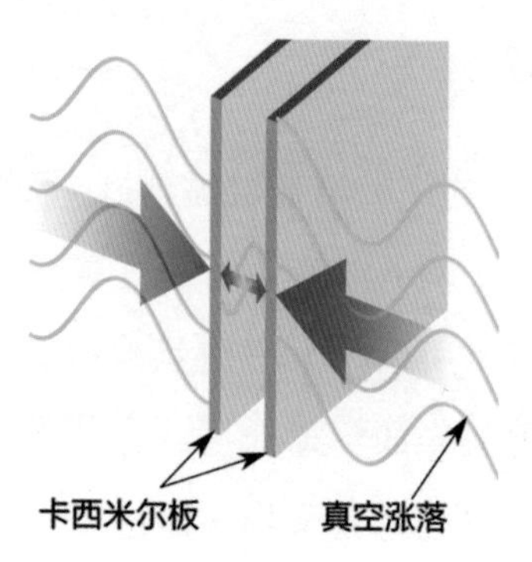

卡西米尔效应

不仅如此，我们能用虚光子来解释为什么两个电子之间存在排斥力。根据经典力学，两个人互相丢球时会交换动量，他们会因为反冲作用而产生慢慢远离的趋势。同样，根据量子场论，两个电子之间会不断交换虚光子及交换动量，从而导致电子之间互相排斥。所以虚光子就是传递电磁力的媒介粒子。光子场的激发态就是光子。从某种意义上来说，光子场就是光子的传播媒介，而光子场的涨落产生虚光子。

小贴士

1. 在理论物理学里，量子场论是结合了量子力学、狭义相对论和经典场论的一套自洽的理论。量子场论将粒子视为更基础的场的激发态，而粒子之间的相互作用是以相应的场之间的交互来描述的。

2. 卡西米尔效应是由荷兰物理学家亨德里克·卡西米尔于1948年发现的一种现象：真空中的两片中性的金属板之间会出现吸引力。

光子是规范玻色子

第十层，光是规范玻色子。相较于以上九层，这一层会更为抽象，这是因为这一层已经触碰到现代物理学的核心——规范对称性。在解释什么是规范对称性之前，我想与大家简单聊一聊对称性。假设我们有一个系统，其中有很多正方形。如果我施加全局变换，也就是让它们同时旋转 90° 后，得到了相同的系统，那么这个系统就满足全局对称性。可是如果我施加局部变换，也就是让它们各自以不同的角度旋转后得到不同的系统，那么这个系统就不满足局部对称性。

让我们再假设有另一个系统，其中有很多圆形，如果我施加全局变换后得到相同的系统，那么这个系统就满足全局对称性。如果我施加局部变换后依旧得到相同的系统，那么这个系统就满足局部对称性。不难看出，一个系统满足全局对称性并不一定满足局部对称性。但反过来，一个系统满足局部对称性就一定满足全局对称性。局部对称性是比全局对称性更“强大”的对称性，局部变换是比全局变换更苛刻的变换。几乎所有的物理学家都相信存在一种非常“强大”的对称性，也就是规范对称性，而这个规范对称性属于局部对称性。规范变换就是在时空中的每个点上进行不同的变换。如果某个量子场在规范变换下保持不变，那么这个量子场拥有规范对称性。

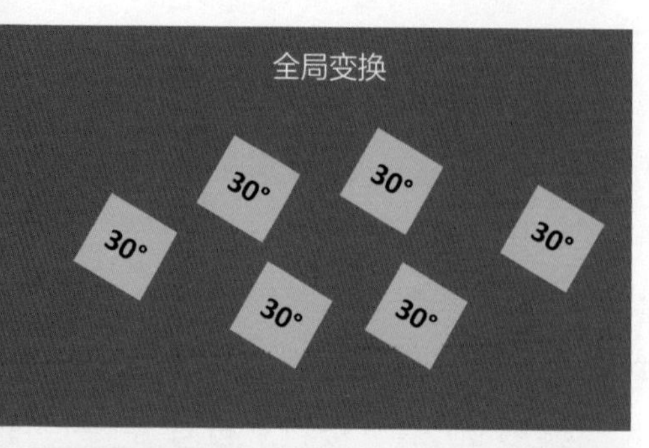

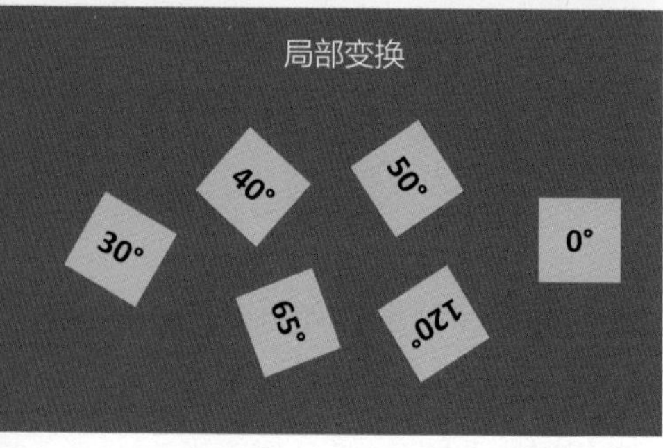

全局变换与局部变换

其实电磁场也满足规范对称性。光的本质是电磁场的激发态，而电磁场是被电磁四维势描述的。电磁四维势是由电场和磁场组成的，但是这个电磁四维势并不是可观测量，也就是说我们无法在实验中直接测量出这个电磁四维势。虽然电磁场本身不是可观测量，但是电磁场本身存在一些可以被实验测量的物理量，比如电荷、能量、电场和磁场等，这些物理量都是能在实验室中用仪器测量的。在数学上，就算我们对电磁四维势进行了规范变换，也就是在时空中的每一个点上改变了电磁四维势，我们在实验中所测量到的电场和磁场也是不会改变的，所以电磁场满足规范对称性。

不过，前面提到的只是经典电动力学中的规范对称性，这里的规范变换很大程度上只是为了选取一个合适的规范或基准来简化计算过程，并没有什么特殊之处。而规范场论里的规范对称性才是现代物理学的核心，它是能帮我们揭开宇宙的奥秘的非常重要的存在。根据诺特定理，每一种对称性都有对应的一个守恒定律。比如空间平移对称性对应的是动量守恒定律，时间平移对称性对应的是能量守恒定律。同样，在规范场论里，每一种规范对称性必定会对应着一种力或者相互作用。而规范场的加入能保全基本粒子的规范对称性。

举个例子，电子的波函数是由狄拉克方程描述的。电子的波函数有非常多的参数，而相位就是其中一个非常重要的参数。电子的波函数在全局相位变换下是不变的，所以这种对称性给了我们电荷守恒定律。但是电子波函数在进行局部相位变换后，对称性被打破了。所以为了保证电子场的 U(1) 规范对称性，我们必须引入一种新的场，也就是光子场。

这里有两点非常有意思。第一，在修正这种对称性后，物理学家重新发现了电磁场。第二，物理学家知道了电荷的起源。任何一个带电的基本粒子都会与电磁场发生相互作用，并且被赋予规范对称性，反过来说也是成立的。为了具有这种规范对称性，电磁场必须存在，粒子必须带电荷。因此，为了满足电子的规范不变性，我们必须引入电磁场。

可能这时你会认为规范场论有“先射箭后画靶”的嫌疑，其实不是这样的。物理学家只是通过规范场论重新“发现”了电磁场，规范场论还能预言其他相互作用，以及规范玻色子的存在。从某种程度上，你甚至可以认为物理学家还画了其他靶，射箭后发现所有的箭都正中红心。比如 U(1) 群的生成元只有 1 个，所以电磁相互作用只对应着 1 种粒子，也就是光子。而

SU(2) 群的生成元有 3 个，所以弱相互作用对应着 3 种玻色子，也就是 W 正负玻色子和 Z 玻色子。同样，SU(3) 群的生成元有 8 个，所以强相互作用对应着 8 种胶子。这些规范玻色子的存在已经被实验证实了。

至于为什么自然界会存在规范对称性，没人知道。物理学家只是把这种现象当成实验事实，以规范场论为基础来描述相互作用，甚至预言新的粒子。而这个规范场论能解答三个问题：第一，为什么光子只有 1 种？这是因为电磁场有 U(1) 规范对称性，其生成元只有 1 个，所以光子只有 1 种。第二，为什么光子的质量是 0？这是因为有质量的光子会打破规范对称性，所以光子的质量必须为 0。第三，光的存在意义是什么？光的存在就是为了保全带电粒子的规范不变性。

以上就是对光的十层理解。

> 小贴士
>
> 1. U(1) 规范对称性通常用来描述电荷的守恒和电磁相互作用。在量子电动力学（QED）中，电磁相互作用通过虚光子的交换实现。
> 2. SU(2) 规范对称性通常用来描述弱相互作用。在电弱统一理论中，SU(2) 规范对称性与 U(1) 规范对称性被统一到一个更大的对称群中，被称为 SU(2) × U(1) 群。SU(2) 规范对称性描述了弱相互作用的媒介粒子 W 正负玻色子和 Z 玻色子的相互作用。

3. SU(3) 规范对称性用来描述强相互作用。在量子色动力学（QCD）中，SU(3) 规范对称性描述了夸克和胶子之间的相互作用，以及色荷的守恒。SU(3) 规范对称性的媒介粒子是 8 种胶子，它们是传递夸克之间的强相互作用的粒子。

光与物质构成了我们今天所知的世界。上一章着重探讨光的本质，但并没有深入探讨物质到底是什么。物质本身有两个非常重要的属性，那就是质量和能量。但是质量和能量又是什么呢？它们之间又存在着什么联系？教科书告诉我们物质是由原子组成的。然而，我们的世界真的是由原子组成的吗？原子真的是物质的最小单位吗？本章会深入探讨物质的本质。

物质

对质量的十层理解

对于普通人而言，质量就是个非常简单的概念，或者是个平平无奇的物理量，可讨论性非常低。可是大家真的理解质量的本质吗？质量这个概念真的有大家想象中那么简单吗？本节将会把质量这个概念分成十层去理解，并且为大家深度解析质量的本质。

第一层，质量指的是物体有多重。多数人都在第一层，质量指的是一个物体有多重。物体的质量越大，物体就越重，而称重器能测量一个物体的质量。

第二层，质量和重量是不同的概念。稍微有点科学常识的人在第二层，他们会反驳第一层的说法。他们认为同一个物体在月球和地球并不一样重，所以质量和重量不是同一个概念。举个例子，如果有一个箱子在地球表面重为10N，那么该箱子在月球表面重约1.67N。简单来说，物体的重量是会随着所处星球的改变而改变的，而物体的质量是不会随着所处星球的改变而改变的。因此，我们必须严格区分质量和重量。

第三层，质量是物质的多少。第三层与第二层没太大的区别，但会完善第二层的说法。这是因为除了引力，其他力也会让物体的质量看起来变大。举个例子，如果我们在称重时拿着一块磁铁。在扣除磁铁的质量后，我们会发现自己重了一点点。为了不让质量受到其他相互作用的影响，质量被物理学家定义为物质的多少。质量就像电荷和自旋一样，是基本粒子的内禀属性。在第三层看来，质量还满足两个特性。第一，质量是守恒的。也就是反应前与反应后的质量是相同的。第二，质量满足可加性。举个例子，1kg 的物体与 3kg 的物体合起来变成 4kg 的物体。这个质量可加性看起来有点多余，其实质量的可加性在后来被推翻了，后面会聊到。

第四层，引力质量和惯性质量不是同一个概念。第四层认为我们不能混淆惯性质量和引力质量这两个概念。惯性质量指的是推动一个物体到底有多难，而引力质量指的是物体产生或受到的引力到底有多大。

乍一看引力质量和惯性质量是同一个东西，但其实它们从根本上是不一样的。我们可以尝试把质量这个概念引入电荷运动过程，让电荷同时参与惯性运动以及电磁相互作用：假设物体的电荷越大，该物体的惯性就越大，那么推动电荷比较大的物体就更吃力。电荷越大，两个物体之间的库仑力就越大。这就是我们得分别定义“惯性电荷”和“电磁电荷”的原因。

自然界似乎没有任何“义务”让引力质量和惯性质量相等，但无数次实验已经证明了这两种质量严格相等。惯性质量与引力质量的相等性也被称为弱等效原理。

小贴士

1. 太阳系有八大行星，假设地球上的重力加速度为 g，那么水星的重力加速度为 0.38g，金星的重力加速度为 0.91g，火星的重力加速度为 0.38g，木星的重力加速度为 2.53g，土星的重力加速度为 1.07g，天王星的重力加速度为 0.91g，海王星的重力加速度为 1.14g。在不同的星球上，同一个物体的重量并不一样。
2. 弱等效原理是指观测者不能在局部的区域内分辨出由加速度所产生的惯性力和由物体所产生的引力，目前的实验在 10^{-17} 的精度上证明了引力质量与惯性质量是相等的。

第五层，惯性质量和引力质量是严格等价的。1920 年，爱因斯坦提出了著名的强等效原理，认为惯性质量和引力质量是等价的。爱因斯坦通过以下思想实验来证明惯性质量和引力质量是严格相等的。

我们无法断定自己处在下列两种情况中的哪一种：第一，静止的火箭在一个引力场强为 g 的星球的表面。第二，火箭在无引力场的太空中以加速度 g 运动。

同样，我们也无法断定自己处在下列两种情况中的哪一种：第一，在引力场中做自由落体运动。第二，在无引力的太空中做惯性运动。由于我们无法区分这两种情况，所以从某种程度上，引力质量与惯性质量是等价的。不仅如此，强等效原理也解释了为什么不同质量的物体在同一高度自由落地的时间是相同的。当物体向地球表面坠落时，我们也可以理解为地球表面往上靠近该物体。这里不难看出，我们可以认为从头到尾就只有一种质量，并没有引力质量与惯性质量之分。

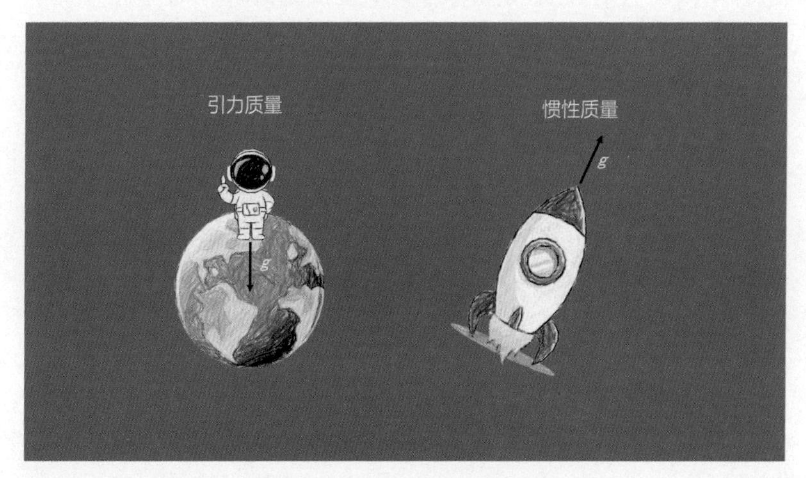

惯性质量 vs 引力质量

第六层，质量和能量是等价的。1905 年，爱因斯坦给出了著名的质能方程，并提出了质量与能量是等价的。根据质能方程，所有的质量都源自能量，而这似乎勉强解释了质量的起源。实际上，这一层存在比较多的误区。举个例子，有些人认为质量与能量是可以互相转化的，但实际上这种说法是错误的。质量与能量的关系是等价关系，而不是互相转化关系，不存在质量减少并导致能量增加这一说法。在粒子标准模型里，物理学家也把基本粒子的质量以能量的形式（GeV/c^2）写出来，充分显示了质量与能量的等价关系。

第七层，物体的质量会随着运动速度的改变而改变。第七层的说法可以在其他科普书或者狭义相对论入门教科书中看到。值得一提的是，物理学家不会特意去批评第一至第六层，这是因为不同的人对质量概念有着不同层次的理解，而且有些理解在某种程度上是正确的。唯有第七层，物理学家会去强烈批评。这是因为第七层的理解导致了非常多的争议，而且这些争议时至今日依旧未完全解决。

第七层认为，物体质量会随着运动速度的改变而改变。物体运动速度越大，物体的能量就越大。物体能量越大，该物体的质量就越大。举个例子，假设 $n$kg 的物体在静止时有 100mJ 的能量，在高速运动时的动能是 10mJ，那这个物体在运动时就一共有 110mJ 的能量。根据质能方程，这个物体的质量就是 1.1$n$kg。这意味着该 $n$kg 的物体通过运动能把自身的质量增加至 1.1$n$kg。这个概念就是著名的相对论质量，物体运动速度越大，其相对论质量越大。

其实引入相对论质量这个概念有两个好处。第一，引入相对论质量这个概念能解释为什么有质量的物体运动速度不能超过光速。这是因为物体运动速度越大，质量就越大，所以在受到同样的外力时，运动中的物体会因质量变大而加速度越来越小，这导致任何有质量的物体的速度都不能超过光速。第二，相对论质量能“修复”万有引力定律。根据牛顿的万有引力定律，两个物体之间的引力源自质量，也就是说两个有质量的物体之间会产生万有引力。然而，光子没有质量，但是光子会被有质量的天体吸引，这会导致引力透镜效应。引力透镜效应是牛顿的万有引力定律解释不了的，而广义相对论就能够很好地解释引力透镜效应。根据爱因斯坦的广义相对论，两个物体之间的引力源是能量，也就是说两个有能量的物体会互相吸引。光子没有质量，但是光子有能量，所以有能量的光子会被天体吸引。这意味着牛顿的万有引力理论是错误的。不过，如果我们引入相对论质量这个概念，牛顿的万有引力定律岂不是又“活”过来了？是这样的。虽然光子没有静质量，但是光子有相对论质量，而光子的质量来源于光子本身的动能。光子有相对论质量，能被天体吸引很正常。所以引入相对论质量这个举动“修复”了牛顿的万有引力定律。

虽然相对论质量这个概念能解释为什么有质量的物体不能超光速，以及无质量的光子能被引力偏转，但是这个概念还是引起了不少问题，我们放到下一层再聊。

第八层，质量是洛伦兹不变量。第八层强烈反对第七层的说法。按照第七层的说法，如果速度是相对的，那么质量岂不是相对的？这意味着每位观测者看到的质量不一样。举个例子，假设有一个静止的 1kg 物体，静止的观测者认为该物体的质量就是 1kg，但对于运动中的观测者而言，物体是朝着反方向运动的。由于这个物体具有额外的动能，所以该物体的质量就是 1.1kg。那么问题来了，物体的质量会随着速度的变化而变化吗？

为了解决质量相对性问题，第八层认为质量是洛伦兹不变量。什么意思呢？也就是说，质量在时空变换或者参考系变换下是不变的。这意味着质量在不同的参考系中是相同的。如果第六层和第七层认为质量和能量是等价的，那么这一层则认为质量和能量不是完全等价的。所有质量都是能量，但不是所有能量都是质量。物体的动能和质量必须区分开来，不能混为一谈。在狭义相对论里，质量是洛伦兹不变量，而能量和动量属于守恒量。因此，在粒子标准模型里，所有粒子的质量都是在静止状态下被定义的。

第九层，质量并不满足可加性。第九层基本上认同第八层的说法，但第九层认为第七层的相对论质量也不完全错误。这是因为粒子的动能和势能确实可以增加一个系统的质量。举个例子，一杯咖啡加热后的质量会比加热前大。当然，这里增加的质量针对的是封闭系统的质量，而不是第七层所指的单个物体的质量。

不仅如此，第七层和第九层的区别在于第七层认为所有的能量都能作为质量来源，而第九层认为只有微观的能量能作为质量来源。简单来说，物体的宏观动能并不能成为物体的质量，但是粒子的微观动能可以为系统增加质量。而且第九层认为这个微观能量必须是稳定的，是不会轻易逃离系统的。

根据量子色动力学，1 个质子是由 3 个夸克组成的，可是 3 个夸克的质量加起来，大约只有 1 个质子质量的 1%。这就好比 3 个 1kg 的物体加起来变成 300kg 的物体。这是因为夸克的动能和势能给质子提供了大部分质量。这意味着质量并不满足可加性，1 加 1 不等于 2。这一层也部分解释了质量的起源，也就是至少有部分质量来源于夸克之间的动能和势能。

第十层，基本粒子的质量都来自希格斯场。物理学家理想中的世界是怎样的？物理学家认为，我们的周围乃至宇宙中充斥着很多种量子场，你与我都被这些量子场连接在一起了。而量子场的激发态就是所谓的粒子，量子场是比粒子更本质的东西，也因此宇宙中所有的电子都拥有相同的电荷和质量。

我们可以把量子场归为两大类，第一类是费米场，也就是物质场，第二类是玻色场，也就是力场。宇宙中所有的物理现象都是这些量子场之间的相互作用导致的。就算我们把所有物质或粒子都移除了，这些量子场依旧存在，所以真空不空。只不过这些量子场的真空期望值或者能量平均值为 0，所以不会发生任何相互作用。

想必大家注意到“平均值”这个词了。事实上，由于不确定性原理，这些量子场会发生涨落，但总体的能量平均值为 0。如果这些量子场的能量平均值为 0，那什么事都不会发生。这是因为只有处于激发态的量子场才会有相互作用。但下面会提到一种非常特殊的量子场，也就是希格斯场，希格斯场的平均场值即使是在真空中也不为 0。

让我们谈谈粒子的内禀属性，也就是电荷和自旋。物理学家似乎不关心电荷以及自旋的由来，可是他们很想知道质量的由来。其中有两大原因。第一，理论预测所有规范玻色子的质量必须为0。第二，理论好像预测所有费米子的质量也必须为0。可能这时你会很好奇，为什么规范玻色子和费米子的质量必须为0？

让我们先来回答第一个问题，为什么所有规范玻色子的质量必须为0？想必大家都知道物理学家正在尝试统一四大基本力。可是你们就不觉得很荒唐吗？凭什么他们认为这些力可以统一起来？引力与电磁力是长程力，容易被观测，是我们已经非常熟悉的相互作用。而弱力和强力是短程力，是我们在日常生活中看不见的一种相互作用。这四大基本力的性质根本不相同，它们真的有机会统一起来吗？

其实大家可以尝试思考一下，为什么弱力和强力必须是短程力，难道它们不能是长程力吗？事实上，所有的力都满足规范对称性。根据规范场论，有质量的规范玻色子会打破规范对称性，所以，似乎所有规范玻色子的质量必须为0，而所有的力都必须是长程力。

我们接着谈谈费米子的质量问题。左旋电子和右旋电子的电荷相同，所以它们都能受到电磁力。但是根据物理学家所发现的宇称不守恒，实际上左旋电子能感受到弱力而右旋粒子感受不到弱力。这意味着左旋电子是有弱荷的，而右旋电子没有弱荷。这个“弱荷”类似于电磁力的电荷，你可以把弱荷理解为弱力的“电荷”。当然，弱荷其实指的是弱超荷以及弱同位旋。

这里称弱力的“电荷”为弱荷只是方便大家理解而已。

小贴士

洛伦兹提出洛伦兹变换时是以以太存在为前提的，然而以太被证实是不存在的。根据光速不变原理，相对于任何惯性参考系，光速都具有相同的数值。爱因斯坦据此提出了狭义相对论。在狭义相对论中，空间和时间并不相互独立，而是一个统一的四维时空整体。

回到正题。根据狄拉克方程，费米子在传播中会改变自己的旋性或手性。也就是说左旋粒子与右旋粒子会在传播中互相转换。举个例子，在传播中左旋电子会变成右旋电子，而右旋电子会变成左旋电子，并这样循环下去。以下是描述费米子的狄拉克方程：

$$\mathrm{i}\frac{\partial\psi_{右}}{\partial t}+\mathrm{i}\alpha\frac{\partial\psi_{右}}{\partial x}=m\psi_{左} \tag{2-1}$$

式中，$\psi_{右}$为右旋费米子的波函数，$\psi_{左}$为左旋费米子的波函数，m 为费米子质量。

物理学家通过式（2-1）发现两个非常有意思的点。第一点，费米子的质量和费米子本身翻转旋性的速度或概率有关，费米子的质量和翻转旋性的速度或概率成正比。举个例子，费米子从左旋变右旋，右旋变左旋的速度越快，费米子的质量就越大。第二点，如果费米子的质量为 0，那么左旋费米子永远不会变成右旋费米子，右旋费米子永远不会变成左旋费米子。这其实非常好理解，如果费米子的质量为0，那么该费米子就以光速传播。根据狭义相对论，以光速传播的粒子是不会经历任何时间流动的，是不会有任何内部变化的。所有质量为0的费米子只会保持它们一开始的旋性。

不过，我在前面提到了左旋费米子（电子）有弱荷而右旋费米子（电子）没有弱荷，这意味着左旋费米子与右旋费米子互相转换这个过程是违反弱荷守恒定律的。因此，左旋费米子与右旋费米子互相转换这种现象是不可能发生的。为了让弱荷守恒，只好认为宇宙中所有费米子的质量必须为0。然而，我们现在观测到的费米子是有质量的，这又是为什么呢？

所以就得聊聊费米子获得质量的机制了。物理学家假设宇宙中存在一种非常特别的量子场，这种特殊的量子场能够持续性提供和吸收弱荷。费米子在左旋翻转至右旋这个过程中能保持弱荷守恒。由于自发对称性破缺，这种特殊的量子场的能量平均值在真空中必须不为0。所有费米子都能够持续地与这种特殊的量子场发生相互作用并获得质量。想必大家已经猜到了，这种特殊的量子场就是著名的希格斯场。

物理学家苦苦寻找的希格斯玻色子其实就是希格斯场的激发态，这是因为找到希格斯玻色子就等于证明希格斯场的存在性了。有许多科普书都在说希格斯玻色子是质量的来源，这个说法其实是错误的。第一，赋予粒子质量的不是希格斯玻色子，而是希格斯场。费米子是通过与希格斯场发生相互作用获得质量的，而不是与希格斯玻色子。希格斯玻色子只是希格斯场的激发态。第二，质量主要来自夸克之间的结合能，其实希格斯场提供的质量不到百分之一。

这个希格斯场和宇宙的诞生有一定的关系。宇宙在早期阶段温度是非常高的。在超高温情况下，传递四大基本相互作用的规范玻色子是无质量的。这四大基本相互作用是统一的，所有费米子也是无质量的，它们都在以光速传播。当时的物质根本不可能存在，这是因为以光速传播的费米子并不能创造束缚态。

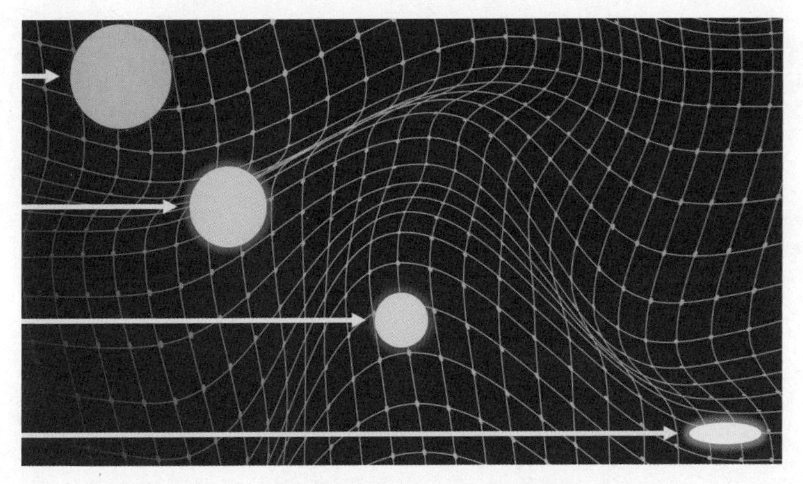

不同质量的粒子与希格斯场的相互作用

由于宇宙的温度下降了，发生了对称性破缺，导致了希格斯场的能量在真空中不为0。因此，希格斯场赋予了费米子质量，使得费米子不再以光速传播，导致了物质的形成。不仅如此，希格斯场也赋予了规范玻色子质量，使得四大基本相互作用不再统一。不过这里有一点非常有意思，其实希格斯场是通过完全不同的机制赋予费米子和规范玻色子质量的。前面提到的只是希格斯场如何赋予费米子质量，并没有提到希格斯场如何赋予规范玻色子质量。我会在后面为大家讲解希格斯场如何赋予规范玻色子质量。

以上就是对质量的十层理解。

对能量的十层理解

每个人对能量都有不同层次的见解。有人认为，能量没什么特别的，就是能让世间万物保持动力的一种东西。也有人认为，能量只是人类创造的概念，是个幻觉。甚至有人认为，能量是可以无止境地从真空中获取的。能量是什么？能量的本质到底是什么？

纵观人类的历史，人类不断地尝试用各种方法从自然界中获取能量，而每一次新能量的开发和利用都是人类历史的转折点。古代的钻木取火让人类第一次成功拥有支配自然界的力量，人类与动物就此分道扬镳。以煤炭作为燃料的蒸汽机引领了工业革命，实现了社会生产力的跨越式增长。内燃机的利用让人类飞速推进到现代文明时代，改变着人类生活的方方面面。然而，人类的故事还在继续。各种新能源尤其是可控核聚变的突破会加速人类文明的发展。如果人类能利用地球上所有能量、恒星的能量甚至整个星系的能量，那么人类将会实现文明级别的跨越。

那么问题来了，人类所追求的能量到底是什么？能量这个概念真的有大家想象中那么简单吗？本节将会把能量这个概念分为十层去理解，并且为大家深度解析能量的本质。

能量与功之间的关系

第一层，能量是物体对外做功的本领。早在古希腊时期，亚里士多德就在他的作品中提到了“能量”这个词。他认为能量是物体所含有的活力或者生命力。不过，能量在当时是个哲学概念。

直到1644年，来自法国的数学家笛卡儿才尝试定义了物体所含有的“运动量”，也就是物体的运动量等于物体的质量乘以速度。这个运动量可以被视为能量的雏形，物体的质量或速度越大，运动量就越大。假设有一个物体，有4单位的质量和3单位的速度，那么该物体的运动量是12单位。如果物体的质量在途中突然减半，那么该物体的速度就会翻倍。虽然这个规律在很早之前就已经被发现了，但是笛卡儿是历史上第一个尝试用公式去描述物体的运动量的人。

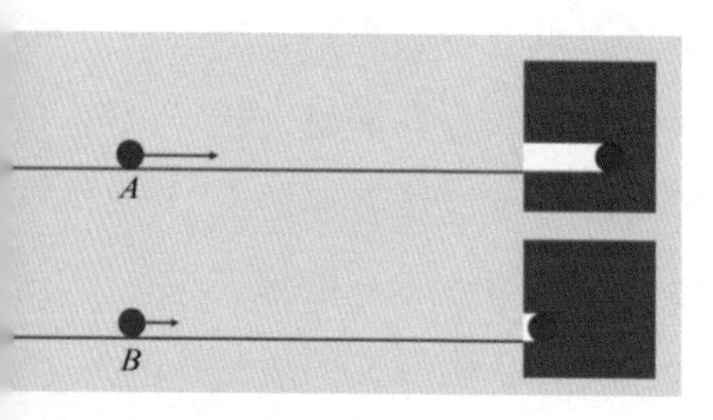

运动量相同的小球产生不同的破坏力

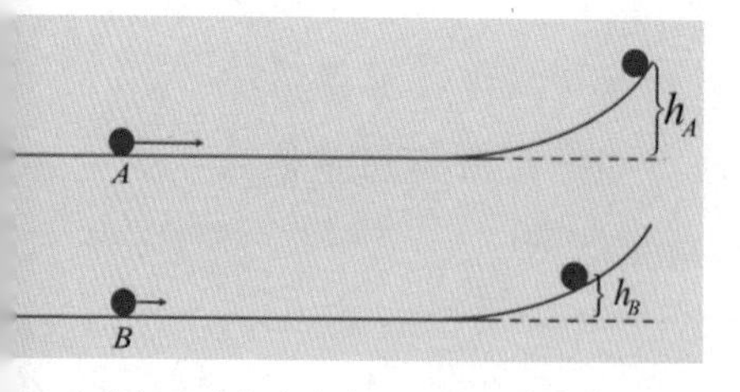

运动量相同的小球产生不同的上升高度

然而，这里存在一个问题。假设我们让质量和速度不同但是运动量相同的小球撞击泥巴，它们会产生不一样的破坏力。不仅如此，如果我们让同样的小球滚向同一个斜坡，它们的上升高度会有所不同。那么问题来了，运动量等于质量乘以速度这个公式是正确的吗？

直到17世纪末，来自德国的数学家莱布尼茨提出，物体的运动量应该被定义为物体质量和其速度的平方的乘积。莱布尼茨发现这个运动量在碰撞下是保持不变的，其实他的发现离能量守恒定律只有一步之遥。所以在这里我们就已经有了两个版本的运动量。第一个版本是来自笛卡儿的，第二个版本是来自莱布尼茨的。至于哪一个版本对运动量的描述是正确的，两派人争吵了接近一个世纪。随后物理学家才意识到物体具有的运动属性不止一种。因此，笛卡儿的运动量被称为动量，而莱布尼茨的运动量被称为动能。那么问题来了，这两种运动量有什么本质上的区别吗？

1807年，来自英国的物理学家托马斯·杨明确提出了"能量"这个概念，并认为物体的能量能产生实际的效果，所以莱布尼茨的动能就是能量。至于这个物体产生的运动效果是多少，应该如何计算，来自法国的物理学家科里奥利给出了答案，那就是物体的重量乘以上升的高度，而这个物理量也被定义为功。此外，科里奥利在动能的前面加上了系数1/2，这样，能量恰好等于运动的效果。所以能量产生的实际效果是可以定量计算出来的。

1853年，来自苏格兰的物理学家威廉·兰金提出了新的能量储存方式——势能。所以当时发现的能量有两种，也就是动能和势能。动能随着物体的速度的变化而变化，而势能随着物体的空间位置的变化而变化。从这个时候开始，能量就有了明确的定义，那就是能量是物体对外做功的本领。而这个定义是教科书级别的定义，一直沿用至今。

能量守恒定律

第二层，能量是守恒的。世间万物都在不断变化，守恒定律能为我们找到变化中的不变。在机械能被发现后，物理学家发现我们的自然界还存在各种形式的能量，比如光能、热能、声能、化学能以及核能等，而这些能量之间能够互相转化，也都有相应的计算方式。

19世纪初，物理学家开始寻找不同形式的能量之间的联系。直到1845年，来自英国的物理学家焦耳设计了一个热能和机械能转化的实验，并测定出了热功当量。也就是将1磅（约0.45千克）水温度提升1华氏度（约0.56摄氏度）所需的热量可以转化为将838磅（约380.11千克）物体上提1英尺（约0.30米）所需的机械力。他得出了一个结论，那就是一定量的功会产生相同数量的热量。

然而对于当时的人而言，这个实验还是过于超前了。这是因为热与功看起来是毫不相干的，许多人质疑为什么它们可以是相等的。其实从我们现在的视角来看，热与功就是一个硬币的两个面，它们在本质上都属于能量。之前我们就知道单一形式的能量是守恒的，而焦耳验证了不同形式的能量在转化过程中也是守恒的，他把看起来毫不相干的热与功联系到一起了，后来形成了热力学。在焦耳提出热功当量的几年后，能量守恒定律被广泛认可，并成为现代物理学的基石之一。

如果能量是守恒的，那么我们在计算一个物理过程时，就能够非常自然地在不同形式的能量之间画上等号。不仅如此，能量守恒定律能让我们通过初始条件来预测一个系统的最终结果。举个例子。假设我们以每秒 10m 的速度往上抛一个物体，那么以抛出点为基准，该物体最多能飞多高呢？根据能量守恒定律，我们都知道当物体抵达最高点时，所有动能都会转化成势能，计算可得，该物体最多能到达 5m 的高度（g 取 $10m/s^2$）。

小贴士

热功当量是指热力学单位卡路里（cal）与功的单位焦耳（J）之间存在的一种当量关系，由于用传递热量和做功的方法都能改变物质系统的能量，所以它们的单位之间存在着一定的换算关系，英国物理学家焦耳首先用实验确定了这种关系。后来规定：1cal 等于 4.186J 或者 1J 等于 0.239cal。

此外，在处理比较复杂的系统时，能量守恒定律的优势更为显著。假设一根水管的不同位置有不同的高度和直径，而水流动的速度与水管高度和直径有一定的关系。根据我们的直觉，水在水管中的位置越高，水速就越小，水管直径越小，水速就越大。那么问题来了，我们应该如何计算不同高度或直径处的水速呢？如果我们对每个水分子进行受力分析，是很难计算管内水速的。我们只需要运用能量守恒定律就能计算管内的水速了。也就是把高度、直径和水速用守恒定律“连接”起来。此外，能量守恒定律从很大程度上赋予了我们一种直觉，就是能够知道有些现象是违反物理规律的。因此，对于人类而言，能量守恒定律就像是物理界的宪法，是自然界的铁律，是无法撼动的存在。

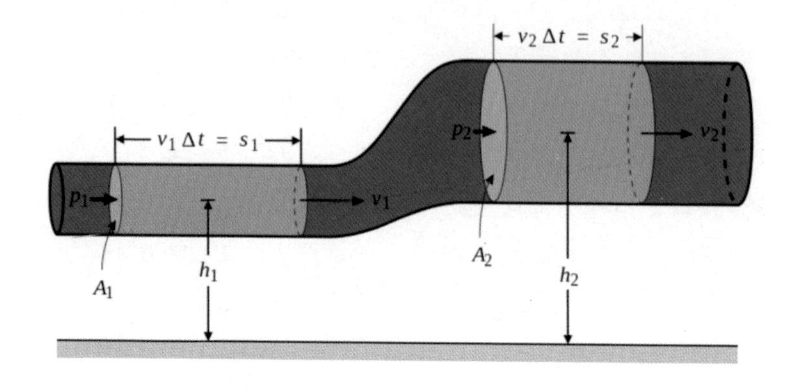

伯努利原理

能量能够化繁为简吗

第三层，任何形式的能量都是由动能和势能组成的。第二层提到了能量的形式有很多，但其实这些能量都是可以化繁为简的——也就是任何形式的能量都是由动能和势能组成的：光能是光子的动能，化学能就是分子之间的势能，热能就是分子的动能和分子之间的势能，核能是质子和中子之间的势能，等等。这意味着无论什么能量都是由动能和势能组成的。

第二层提到了能量之间能互相转化，但是并没有告诉大家能量为什么能互相转化。其实很简单，所谓的能量转化只不过是势能与动能之间的转化。举个例子，坠落中的小球在接触地面后反弹，然后再次坠落，反复几次后慢慢停下来，小球的能量慢慢消失了，我们应该如何解释这种现象？有两种说法来解释这种现象。第一种说法是比较常见的，也就是物体发生能量损耗了，物体的动能转化为热能和声能了。

而第二种说法是比较贴近本质的：物体撞击地面后导致了地面的原子发生振动，也导致了空气中的原子发生振动。地面的原子振动对应的是热能，而空气中的原子振动对应的是声能。某种程度上，我们可以认为宏观动能会转化为微观动能，也就是小球的能量传递给微观粒子了。这里不难发现，发生的依旧是动能和势能之间的转化。这就是不同形式的能量能互相转化的原因。

其实第二层提到的能量守恒定律存在一个问题，那就是我们只能通过能量守恒定律来预测一个系统的最终结果，并不能计算出该系统完整的演化轨迹。比如在抛体运动中，能量守恒定律只能预测物体能到达的高度以及最终速度，如果我们想要描绘出完整的抛物线，那么我们必须用运动方程。如果要描述一个受力的系统，就必须用牛顿运动定律或力学公式来计算粒子每一时刻的位置、速度及加速度。能量守恒定律不能预测粒子的轨迹是因为能量是标量而力是矢量，能量是没有方向的，只有计算力我们才能预测粒子的轨迹。

直到 1760 年，来自法国的物理学家拉格朗日证明了质点系的最小作用量原理。拉格朗日认为，自然界中的物理系统会沿着一条使作用量最小的路径运动。什么是作用量？简单来说，所谓的作用量指的是动能减势能。在抛体运动中，物体的实际运动轨迹对应的作用量是最小的。也就是说，如果我们计算每一个点的作用量，抛物线轨迹的作用量是比其他轨迹要小的。事实上，自然界中各种系统或物理现象都遵循更广泛意义上的最小作用量原理。如果我们把这个作用量用欧拉－拉格朗日方程处理一下，就能得到与牛顿力学完全相同的结果。

质能方程

第四层，质量和能量是等价的。质能方程是物理中最美的公式之一，它经常被解读为质量和能量可以互相转化。根据质能方程，1kg 的铅笔能转化为 9×10^{16}J 的能量，这相当于 2×10^{7}t 的 TNT 炸药。这里存在两个误区：第一，质量与能量并不是互相转化关系，而是等价关系。第二，1kg 的铅笔并不能完全转化为巨大的能量。

第二层提到自然界存在很多种能量，但是我们忽略了一种非常重要的能量，那就是“质能”。其实质量也属于能量的一种。那么问题来了，所谓的质量也是由第三层提到的动能和势能组成的吗？答案是肯定的。我们都知道所有物质都是由原子组成的，而原子本身是由电子、质子和中子组成的，质子或中子本身又是由 3 个夸克组成的。然而根据粒子标准模型，1 个质子的质量大于 3 个夸克质量的 100 倍。这种现象是匪夷所思的。这就好比 3 个 1kg 的物体加起来变成超过 300kg 的物体。其实这是因为夸克的动能和夸克之间的势能为质子和中子提供了大部分能量，所以物质大部分的质量都来源于夸克的动能和势能。

大家可能在高中物理中学过，在核聚变这个过程中，质量亏损会导致能量的释放，所以原子的一部分质量能转化为大量的能量。但实际上并不是质量转化为能量，发生的依旧是能量之间的转化，也就是核能转化为光能和热能。由于光能和热能逃离了系统，所以导致了质量亏损。因此，不是质量亏损导致了能量的释放，而是因为能量的释放导致了质量亏损。这里必须注意的是，物质能转化为能量这种说法是正确的，但前提是释放的能量必须逃离系统。

现在我们可以回答这个问题了：1kg 的铅笔能完全转化为巨大的能量吗？首先，人类目前只能利用质子和中子之间的强相互作用的能量。我们熟悉的核聚变和核裂变就是利用了质子和中子之间的核能，其实这些能量占物质总能量的不到 1%。不仅如此，由于夸克禁闭，我们无法利用质子和中子之内的能量。也就是说，物质中大部分能量被禁闭在质子和中子之内了。其次。虽然湮灭反应能让物质百分之百转化为能量，比如电子和正电子能产生高能光子，但是如果遇到比较复杂的粒子（比如质子），湮灭反应会产生额外的粒子，并不会百分之百转化为我们所需要的能量。因此，1kg 的铅笔并不能完全转化为巨大的能量。

总的来说，质量和能量是等价的。这意味着看似毫不相干的质量和能量是一个硬币的两个面。

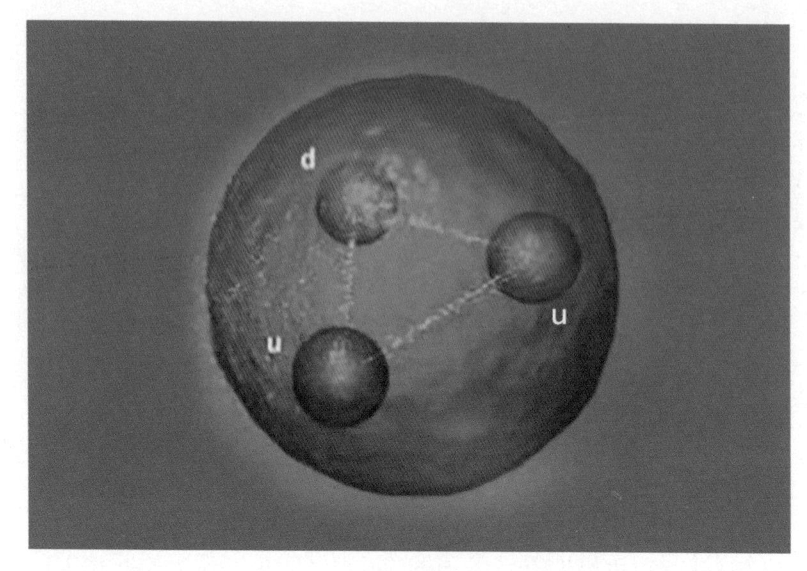

质子的内部结构

小贴士

拉格朗日力学是分析力学的一种，于1788年由约瑟夫·拉格朗日所创立。拉格朗日力学是对经典力学的一种新的理论表述，着重于解析的方法，并运用了最小作用量原理。

能量是比质量更本质的存在吗

第五层，能量是比质量更本质的存在。假设我们有相同质量的物体A和物体B。如果物体A移动了，那么物体A的总能量是比物体B更大的。有意思的地方来了，我们可以认为物体A的质量比物体B更大吗？根据质能方程，物体A的质量确实比物体 B 大了一点点。然而，这将会导致不同的观测者看到的质量是不同的。

因此，物理学家认为物体的质量必须是不变的。用比较的专业术语来说，质量必须是洛伦兹不变量，同一物体的质量必须在任何参考系中都是相同的。所以目前质量被严格定义为静止状态下的质量。由于光子没有静止状态，所以光子的质量被定义为 0。因此，在完整的质能方程中，能量等于质能加上动能。这意味着所有的质量都是能量，但不是所有能量都是质量。所以能量是比质量更本质的存在，质量本身只是能量的一种表现。

无法计算的能量

第六层，能量是无法计算的。第二层提到了每一种能量都有相应的计算公式。然而，其实能量本身是无法计算的。假设地面上有一个静止不动的物体，那么该物体的动能为 0。但是对于在外太空的观测者而言，该物体正在与地球一起围绕着太阳公转，动能不为 0。那么问题来了，这个静止的物体到底有没有动能呢？我们在第三层就提到了，任何一种形式的能量都是由动能和势能组成的。势能是随着空间位置的变化而变化的，而动能是随着速度的变化而变化的。如果位置和速度是相对的，那么动能和势能就是相对的。因此，任何形式的能量都是相对的。

事实上，我们计算出一个物体含有多少能量是没有物理意义的。其实我们更关注能量的差值，以及利用能量差能够做些什么。举个例子，在计算引力势能时，我们可以把地球表面定义为参考面，即零势能面，我们也可以把地下室地面定义为参考面，我们甚至可以把离地球无限远的地方定义为参考面。这意味着引力势能的数值取决于参考面的选取，并不是绝对的，参考面的选取只是为了便于计算。但是，虽然不同参考系中的势能数值并不一样，势能差还是相同的，我们只要计算这个势能差能产生多少运动效果就行了。

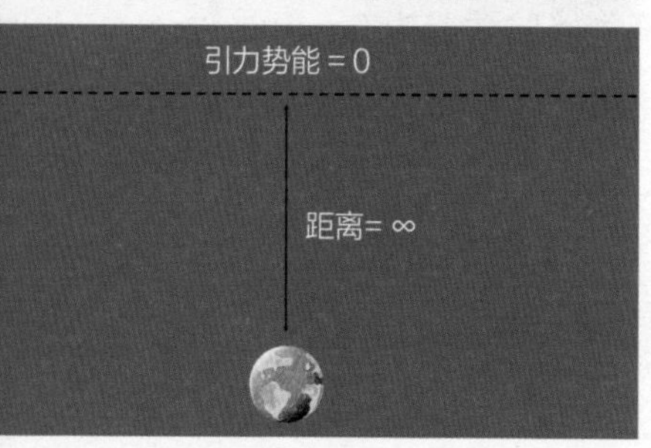

参考面的选取

同样，热力学第一定律的公式也只注重系统内能差，而不是系统内能的绝对数值。举个例子，我们不可能知道一个系统的内能到底是从 10 单位减少至 8 单位，还是从 9 单位减少至 7 单位。不过，我们可以通过实验知道内能的变化是负 2 单位。我们只要知道内能差的数值，并且知道这个内能差可以做多少功就可以了。

这里有一个非常有意思的地方，第四层提到了质量是能量的一种，如果能量是相对的，那么质量也是相对的吗？其实这里有两层意思。第一层意思是之前提到的，粒子的质量是在静止状态下被定义的，所以任何观测者看到的质量都是相同的。另一层意思指的是，在静止状态下，粒子本身的质量也是相对的，我们在实验室中所测量的粒子质量是相对于真空而言的。

如果真空的能量是 5 单位，粒子的能量是 20 单位，那么我们在实验室测得粒子的能量（质量）就是 15 单位。当然，其实我们并不知道真空以及粒子准确的能量。真空的能量也可以是 1 万单位，此时粒子的能量是 10 015 单位。我们只能知道真空与粒子之间的能量差是 15 单位，这 15 单位的能量就相当于粒子的质量。所以在粒子标准模型里，所有粒子的质量是相对于真空而言的。

总的来说，能量并没有绝对的数值。能量值会因参考系的不同而有所不同，所以能量值是相对的。

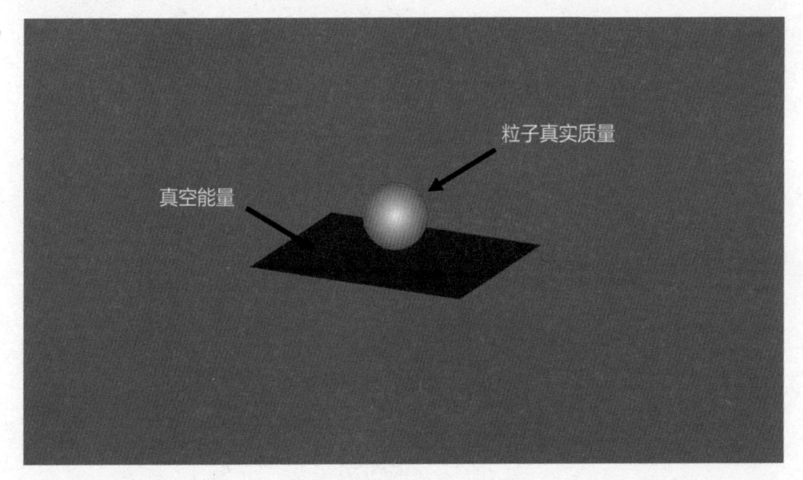

粒子的质量（相对于真空）

能量守恒定律的起源

第七层，能量守恒定律来自对称性。著名的美国物理学家理查德·费曼是这样描述能量的："在物理上，有一个非常抽象的概念。人类通过计算发现，这个物理量的数值在经历了各种变化后不会改变，而这个物理量被称为能量。"其实从某种程度上来说，能量只是一个数学模型。什么意思呢？简单来说，能量值只是个数字，人们发现这个值在系统经历了一些变化后依旧是相同的。虽说物理学家知道能量是守恒的，但他们并不知道能量为什么会守恒。

1915 年，爱因斯坦发表了广义相对论，当时的他已经发现能量在广义相对论中是不守恒的。1929 年，来自美国的天文学家哈勃发现了宇宙中几乎所有的星系都在远离我们，这意味着宇宙正在膨胀。如果宇宙正在膨胀，那么经历了"宇宙红移"的光子的波长会越来越长，波长越长，能量就越小。这意味着传播中的光子的能量会因为宇宙的膨胀而慢慢减少。那么这些能量到底去了哪里？显然，这违反了能量守恒定律。

后来，来自德国的数学家克莱因和希尔伯特寻求埃米·诺特的帮助，以解决广义相对论中能量不守恒的问题。敏锐的诺特发现了为什么能量在广义相对论中不守恒，那是因为能量守恒定律根本不是最接近本质的存在。她发现自然界所有的守恒定律都来自对称性，守恒定律与对称性有着很深层次的联系，而她的发现也被称为诺特定理。

根据诺特定理，每一种连续对称性都有对应的守恒定律。比如空间平移不变性对应的是动量守恒定律，而时间平移不变性对应的是能量守恒定律。时间平移不变性指的是，如果我们在任何时间得到的物理规律都是相同的，那么能量就一定会守恒。简单来说，如果今天的引力公式和明天的引力公式稍微有点不一样，那么人类在理论上就可以通过引力来获取无穷的能量。

从某种意义上说，对称性比守恒定律更为基本。如果对称性不存在，与之对应的物理量就不会守恒。在牛顿的绝对时空里，时间是独立存在且静态的，只是用来描述物体运动过程的一个背景参数。但是在广义相对论里，时空不再是静态的，而是动态的，动态的时空会破坏时间平移不变性。此外，宇宙的膨胀也打破了时间平移不变性。由于时空本身不满足时间平移不变性，因此能量自然就不守恒了。当然，能量在大尺度上是不守恒的，但在小尺度上仍然严格守恒。因此，这种能量不守恒现象在我们日常生活中可以忽略不计，对我们没有影响。

能量能够循环利用吗

第八层，能量会因为熵增而无法循环利用。有许多人认为，既然能量是守恒的，那么能量岂不是用之不竭的？在我们的地球上，如果物质能够循环利用，那么能量也应该能够循环利用。然而，事实并非如此。能量不能循环利用，这是由熵的增加导致的。

那么，什么是熵呢？熵本身有许多不同的定义，在不同的领域中也有不同的含义。我将选择与能量相关的定义来解释。熵是测量一个系统中不能被利用的能量的指标。要理解这句话的意思，需要回到1824年。当时，科学家致力于改良蒸汽机，来自法国的工程师卡诺提出，所有的热机在工作时都需要存在温度差。当热量从热机的热的部分转移到冷的部分时，热机就会获得驱动力，热机的效率取决于温度差。然而这些热机都存在一个缺陷，那就是存在热损耗，这些损耗的热不能被再次利用来做功。

小贴士

卡诺热机是卡诺循环中的理论机器，这台机器的基本模型是由尼古拉·卡诺在1824年提出的。卡诺热机模型由埃米尔·克拉珀龙在1834年进行了扩展。

直到1850年，来自德国的物理学家克劳修斯提出了熵这个概念。克劳修斯认为，热机在做功的过程中会产生无法利用的热量，并且这个过程是不可逆的。从某种意义上说，热能属于“低等”能量，很难被再次利用。而功则属于“高等”能量，能够百分之百地转化为其他形式的能量，这是人类一直以来都在追求的能量形式。这其实并不难理解，热能的本质是粒子在做无规则运动，属于无序状态，而功的本质是所有粒子朝着相同的方向运动，属于有序状态。

因此，热能是很难被利用来做功的。可能你会认为，不对啊，我们不是可以把热能储存起来做功吗？理论上是可以的。但是你可能忽略了一个非常关键的东西，那就是热平衡。当系统从热源中获取能量时，系统和热源之间会逐渐达到热平衡，也就是说它们的温度会逐渐变得相同，而温度相同时系统就无法再从热源中获取能量做功了。可能你会认为，我们再加上一个冷源，系统不就可以从热源中获取能量了吗？确实是可以的，但是这里有一个问题，那就是热源的温度会慢慢降低，冷源的温度会慢慢升高，直到热源、冷源和系统达到热平衡状态。根据热力学第零定律，当三者达到热平衡状态后，它们之间就不会发生热交换了。

而此时此刻熵达到了最大值，没人能再从中获取能量。其实我们宇宙的宿命可能也是如此。当宇宙的熵达到最大值后，所有能量都将被均匀地分散到整个宇宙中，宇宙的温度也会变得非常均匀，使这些能量无法做功。

能量的不连续性

第九层，能量是不连续的。20 世纪初，物理学家被三个问题所困扰。第一个问题是黑体辐射问题。当物理学家尝试用热力学里的能量均分定理来推导黑体辐射时，出现了“紫外灾难”。第二个问题是光电效应问题。当时的物理学家解释不了为什么很强的光也轰飞不了金属板中的电子。第三个问题是原子稳定性问题。根据麦克斯韦电磁理论，加速中的带电粒子会辐射电磁波。那为什么围绕着原子核做圆周运动的电子不会辐射电磁波并坠入原子核呢？为了解释以上三个问题，物理学家提出，能量是不连续的。

1900 年，德国物理学家普朗克经过一系列的数学推导后，发现引入能量的量子化能成功避免“紫外灾难”的出现。普朗克提出谐振子不能拥有任意的能量，其能量值只能是某个最小能量值的倍数。这暗示着微观世界的能量不能是任意值，只能是普朗克常量的整数倍。在量子世界里，如果我们要激发一个量子谐振子，那么我们施加的能量必须是普朗克常数的 1 倍、2 倍或者 10 倍，不能是 3.5 倍。在经典物理中我们可以施加任意的能量，但在量子世界中不行。

同样，为了解释光电效应，爱因斯坦在 1905 年提出了光量子假说。根据光量子假说，光的能量也是一份一份的，是不连续的。爱因斯坦成功预言了光子的存在。

1913 年，为了解释原子稳定性问题，丹麦物理学家玻尔提出了玻尔原子模型，认为原子的轨道是量子化的。根据玻尔原子模型，电子只能占据特定的能级或轨道，电子要想从一个轨道跃迁到另一个轨道只能通过吸收或辐射光子。这就是原子只能吸收或发出特定能量的光的原因。从某种程度上，我们可以认为原子的能级存在禁区，也就是电子不可能具有两个能级之间的能量。

能量的不连续性也为我们解释了为什么宇宙中所有的电子都有相同的质量。在量子场论中，所谓的粒子就是量子场的激发态，比如光子场的激发态就是光子，电子场的激发态就是电子。而量子场本身是由量子谐振子描述的，由于量子谐振子的能量是离散的，所以我们必须用特定的能量值来激发量子场。举个例子，我们需要 0.511 单位的能量来激发电子场，1.022 单位也可以，但不能是 0.3 单位或者 1.5 单位。为什么电子的质量在整个宇宙中都是相同的？因为它们共享同一个电子场。

零点能量

第十层，存在零点能量。第九层提到的量子谐振子的最低能量不能为零，而要有一定的数值。当然，能量间隔依旧是相同的，只是谐振子的基态不为零。这带来了两个有意思的后果。第一，粒子不可能达到绝对零度。这是因为粒子的最低能量态不为零。第二，我们的真空不完全是空的，而是存在一定数值的能量。这种能量被称为真空能量或者零点能量。

真空中存在能量已经被许多实验证实了。举个例子，在真空环境中，当两块金属板互相靠近并达到微米级别时，两个金属板之间会产生一股神秘的吸引力，而这股神秘的力来自金属板之间的缝隙中的真空涨落。这种现象也被称为卡西米尔效应。

那么问题来了，零点能量可以被利用起来吗？很可惜，并不能。第一点，真空被称为真空是因为它处在最低能量态，处在高能量态的我们无法获取低能量态的零点能量。第二点，就算我们创造出了比真空还要低的能量态，对于人类来说也不是什么好事。这是因为，如果真空的能量不是最低的，那么此时此刻的真空是“假真空”。假真空会有一定的概率衰变成“真真空”，释放的能量会以光速扩散到整个宇宙。这种现象也被称为真空衰变。第三点，就像第八层提到的一样，如果能量是均匀的，我们就无法从中获取能量做功。同样，真空中的能量是非常均匀的。如果我们想从中获取能量，我们必须用某些手段来影响真空的平衡，也就是减少部分真空区域的能量。然而，我们付出的能量将会远大于获取的能量。

虽然我们无法从真空中获得能量，但是我们的自然界是会从真空中借得能量的。根据海森伯不确定性原理，我们无法同时测量粒子的位置和动量。这个空间位置和动量在物理上被称为共轭物理量，其实在物理中，我们还有另一对共轭物理量，也就是时间和能量。所以我们也有能量-时间不确定性原理，时间的不确定性越小，能量的不确定性就越大，反之亦然。这个不确定性原理也可以被理解为能量可以从真空中“借”得。当然，人类是借不了的，只有量子系统才能借到能量。

假设这里有一座小山、一座大山，还有一颗小球。在经典力学里，如果小球从小山上滚下来，它肯定到达不了大山的山顶，更到不了大山的另一侧，这是能量守恒定律所决定的。然而，在量子世界里，这颗小球可以通过量子隧穿穿越大山，到达大山的另一侧。这是有一定的概率的，势能屏障越大，粒子能穿过屏障的概率就越小。这个量子隧穿效应可以理解为粒子从真空中借能量并穿越大山。太阳中也有量子隧穿效应。按理来说，太阳的温度是不足以发生核聚变的，然而，核聚变还是发生了。这是因为质子从真空中借到能量，克服了它们之间的电磁力，导致了核聚变的发生。

对原子的十层理解

如果在某场灾难中所有记录科学知识的载体都被毁灭了，只有一句话能传递给下一代，哪句话可以用最少的字包含最多的信息呢？著名的物理学家理查德·费曼认为，这句话必然就是：一切物质都是由原子组成的。

世界是由什么组成的呢？这个问题从古至今是人类一直在探索的一个问题。古希腊人认为世界是由土、水、气、火这四种基本元素组成的，这是早期的四元素说。巧合的是，这个四元素说与现代物理学中的四种物质形态非常相似，土、水、气、火分别对应着固态、液态、气态、等离子态。

随后也诞生了各种版本的元素说。当然，我们都知道这些元素说在很久之前就被原子论取代了。然而，事实真的这么简单吗？我们的世界真的是由原子组成的吗？本节将会把对原子的理解分成十层，为大家深度解析物质的本质。

道尔顿原子论

第一层，物质是由不可分割的原子组成的。早在古希腊时期，人类就已经有原子的概念了。比如古希腊哲学家德谟克利特提出，这个世界是由不可再分的最小单元，也就是原子组成的。当然，当时的原子还是个哲学概念，将其转变为科学概念是由19世纪的英国化学家约翰·道尔顿完成的。

18世纪末，科学家发现化学反应中普遍存在两个规律，第一是质量守恒定律，第二是定比定律，在这两条定律的基础上，道尔顿提出了倍比定律。所谓的倍比定律指的是，如果两种元素形成多于一种化合物，一种元素的质量固定，则另一种元素的质量呈简单整数比。举个例子，100g碳和133g氧反应后能生成一氧化碳，和266g氧反应后能生成二氧化碳。敏锐的道尔顿发现氧元素质量的比是最简整数比，这是因为266g除以133g等于2。而这个整数“2”让道尔顿意识到原子的存在。

于是道尔顿在1804年提出了现代原子论：第一，所有的物质都是由非常小的原子组成的。第二，不同种类的化学元素有着不同种类的原子。不同以往的原子论，道尔顿的原子论属于现代原子论。虽然道尔顿没有直接观测到原子，但是他用了倍比定律中的最简整数比，间接证明了原子是确实存在的。随后的化学元素周期表也是在道尔顿原子模型的基础上建立的。

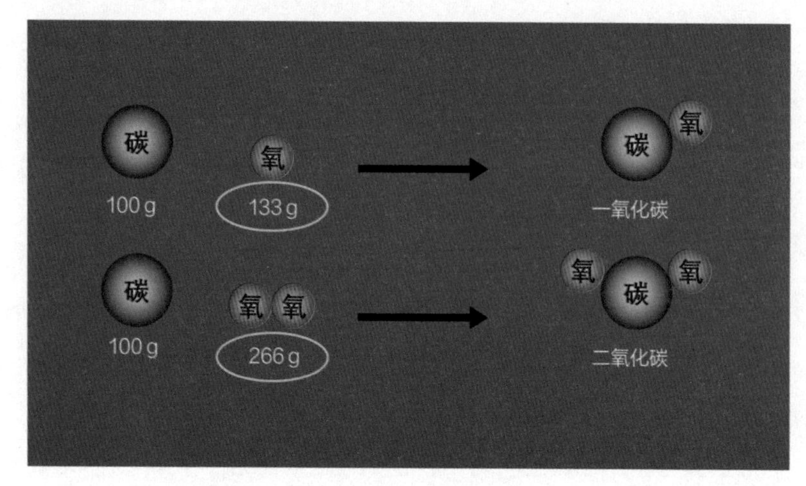

倍比定律

卢瑟福原子模型

第二层，原子是由电子、质子和中子组成的。第一层的道尔顿原子论存在一个问题，那就是它解释不了同位素。比如氢有三种同位素——氕、氘、氚，它们有着不同的质量。按照道尔顿的原子论，氕、氘、氚就是不同质量的氢原子。如果我们用道尔顿的原子论来强行解释同位素，将会导致一个非常严重的问题，那就是自然界中的氢原子有着不一样的大小和质量，可能出现上千种原子需要我们去认识。这会使我们对物质的理解复杂化，是物理学家不愿意见到的情况。然而，在道尔顿提出原子论后的一百年里，几乎所有人都相信原子是物质的最小单位。

1897 年，英国物理学家汤姆孙在阴极射线管中发现了一种未知的带电粒子。他测量后发现这个未知粒子的质量只有氢原子的大约千分之一，这意味着原子并不是最小的单位。随后，汤姆孙把这未知粒子取名为“电子”，并提出了葡萄干布丁模型，带负电的电子镶嵌于均匀分布的带正电物质里，形成了原子。

1909 年，英国物理学家卢瑟福进行了 α 粒子散射实验。卢瑟福尝试用 α 粒子束（带正电的氦原子束）来轰击只有几个原子厚度的金箔纸。按照当时的原子模型，正电荷是分散的，所以 α 粒子束应该能克服库仑力并顺利通过薄金箔纸。实验结果和预想的基本一样，几乎所有 α 粒子都直直地通过了金箔纸。然而，有少数 α 粒子发生了非常大角度的偏转甚至被反弹了回去。

卢瑟福对这个实验结果感到非常惊讶，他认为这种情况就像 15 寸的炮弹打在一张纸上却被反弹回来。因此，卢瑟福根据这个散射实验，推翻了汤姆孙的原子模型，提出了原子行星模型，并给出了原子的几个特点：第一，原子有一个原子核。第二，原子中所有的正电荷都集中在这个原子核上。第三，这个原子核非常小，大约只有原子的十万分之一，原子核与原子之间的关系就像一颗葡萄与球场，所以原子的内部大部分是空的。第四，电子围绕着原子核旋转。

可能这时你会好奇为什么电子得围绕着原子核旋转。原因很简单，由于电子与带正电的原子核之间存在吸引力，即库仑力，为了避免原子发生坍缩，电子只能围绕着原子核旋转。这种微观现象就像宏观世界中行星围绕着太阳公转，所以卢瑟福的原子模型也被称为行星模型。卢瑟福的原子模型完美解释了 α 粒子散射实验。

> 小贴士
>
> 卢瑟福散射指的是带电粒子因为库仑力而产生的一种弹性散射，这种散射实验是由欧内斯特·卢瑟福领队设计与进行的，成功地证实了在原子的中心有个原子核。

不过，为了解释为什么相斥的质子能待在那么小的原子核里，卢瑟福大胆预言原子核中还存在一种中性粒子，能中和甚至抵消质子之间的库仑斥力。1932 年，中子的存在被英国物理学家詹姆斯·查德威克发现了。到目前为止，人类发现物质是由原子组成的，而原子是由电子、质子和中子组成的，这一套原子论一直沿用至今。

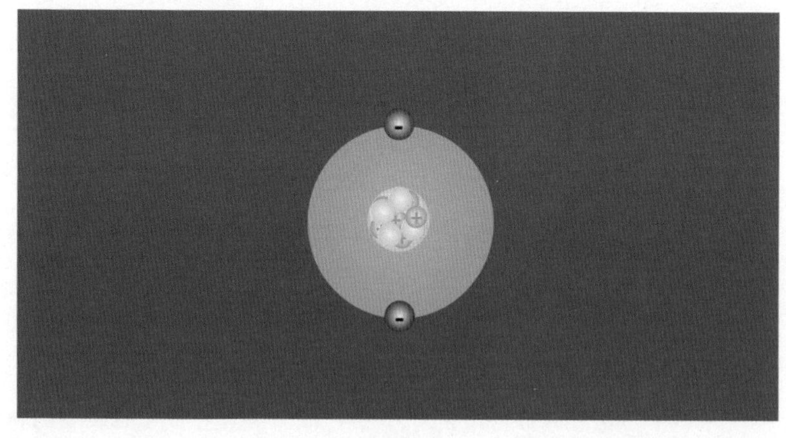

原子模型

玻尔原子模型

第三层，原子的电子轨道是量子化的。第二层提到的行星模型存在一个问题，那就是它解释不了原子的稳定性。根据麦克斯韦的电磁理论，加速的带电粒子会辐射电磁波，同样，围绕着原子核做圆周运动的电子会辐射电磁波，所以电子理应会坠入原子核。根据计算，宇宙中所有的原子会在诞生后的 10^{-11}s 内消失。所以当时的物理学家陷入了一个困境：如果我们假设电子在围绕着原子核做圆周运动，那么原子都会因电子辐射电磁波而坍缩。如果我们假设电子没有围绕着原子核做圆周运动，那么电子也会被原子核吸引而坍缩。无论如何，按照当时的原子模型，所有原子都避免不了坍缩的命运。

不仅如此，卢瑟福原子模型也解释不了氢原子光谱。物理学家发现用火烧了某种元素后，该元素会发光并形成特定光谱。不过，他们发现几乎所有元素的光谱都是不连续的，这意味着特定的元素只会发射特定波长的光。光谱就像元素的指纹一样，每一种元素都有对应的光谱。所以物理学家可以通过分析光谱来判断某些物质中存在什么元素，比如我们可以通过分析太阳光谱来判断太阳中存在哪些元素。

不过当时光谱学仅仅是一门经验科学，物理学家并不清楚为什么光谱是这个样子的。举个例子，当氢原子受激发后，会发出四种波长的可见光，波长分别为 410nm、434nm、486nm 及 656nm。但是当时的物理学家并不清楚为什么氢原子光谱会有这样的规律。

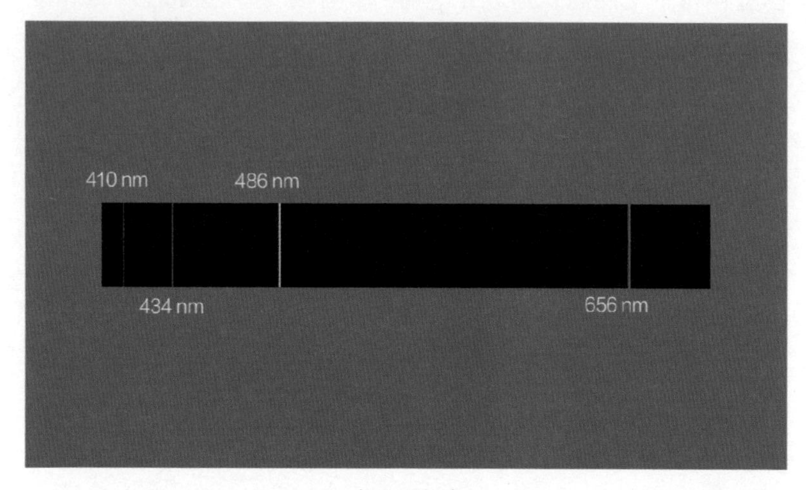

氢原子光谱

直到 1885 年，瑞士的一位数学家巴耳末给出了巴耳末公式：

$$\lambda = B\frac{n^2}{n^2-4},\quad n = 3,4,5\ldots \tag{2-2}$$

式中 λ 为光的波长，n 为整数，B 为巴耳末常量，约等于 $3.645\,6 \times 10^{-7}$m。

从巴耳末公式能精确地看出氢原子光谱的谱线规律。这是人类第一次找到氢原子光谱的规律。四年后，瑞典物理学家里德伯给出了著名的里德伯公式：

$$\frac{1}{\lambda}=R\left(\frac{1}{n_2^2}-\frac{1}{n_1^2}\right) \qquad (2\text{-}3)$$

式中 λ 为光的波长，n_1、n_2 为整数，R 为里德伯常量，约等于 $1.097\times10^7\mathrm{m}^{-1}$。

里德伯公式比巴耳末公式更准确，适用范围更广，但是他们的公式存在两个问题。第一个问题是，虽然这些公式能给出准确的氢原子光谱的规律，但是这些公式仅仅是经验公式，依旧没能解释氢原子光谱为什么是这个样子的。第二个问题是，当时的物理学家并不清楚这个里德伯常量的物理意义，也不知道为什么它是这个数值。不过，这些公式有一个共同点，那就是这些公式中的 n（包括 n_1、n_2）只能取整数，这为原子的量子化埋下了伏笔。

1913 年，丹麦物理学家尼尔斯·玻尔提出了玻尔原子模型。他的原子模型引入量子化的概念来解释原子稳定性问题以及氢原子光谱。玻尔是这样解释原子稳定性问题的：电子围绕着原子核做圆周运动，但是轨道本身是量子化的，也就是说，电子只能占据特定的能级或者轨道，电子要想辐射或吸收能量就只能从一个轨道跃迁到另一个轨道。所以电子不会“平白无故”地辐射电磁波并坠入原子核。

除此之外，玻尔原子模型的量子跃迁也解释了为什么氢原子只能发出特定波长的光。这是因为每一层轨道都有特定的能量，所以辐射的能量也只能是特定的值。

不仅如此，玻尔按照他的原子模型，通过一系列推导解释了为什么里德伯公式是这个样子的，并给出了里德伯常量的物理意义，里德伯常量是由电子质量、电子电量、真空介电常量、普朗克常量、光速等常量组成的。

$$R=\frac{m_e e^4}{8\varepsilon_0^2 h^3 c} \tag{2-4}$$

式中 m_e 为电子质量，e 为电子电量，ε_0 为真空介电常量，h 为普朗克常量，c 为光速。

由于玻尔原子模型能解释里德伯常量的物理意义、原子的稳定性问题以及氢原子光谱的规律，所以玻尔原子模型取代了卢瑟福原子模型，而后续的原子理论都是在玻尔原子模型的基础上进行修改和优化的。玻尔原子模型暗示着我们的微观世界是不连续的，也悄悄推开了量子世界的大门。

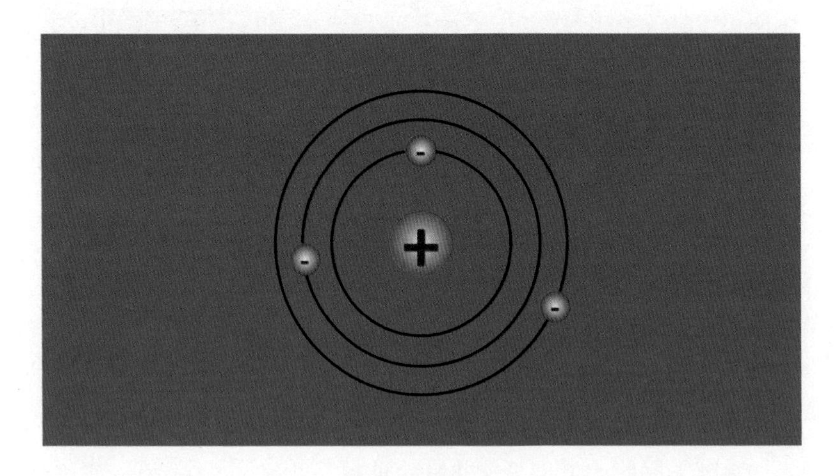

玻尔原子模型

索末菲原子模型

第四层，原子是可以被量子数描述的。第三层中的玻尔原子模型在当时解释不了两个问题：第一是氢原子光谱的精细结构问题，第二是电子的排列问题。

让我们先来看看第一个问题，氢原子光谱的精细结构问题。什么是精细结构？简单来说，如果我们放大氢原子光谱中的一条谱线，我们会发现这条谱线其实并不是一条，而是两条，中间存在非常细小的“裂痕”。也就是说，氢原子能辐射两种波长非常相近的电磁波。

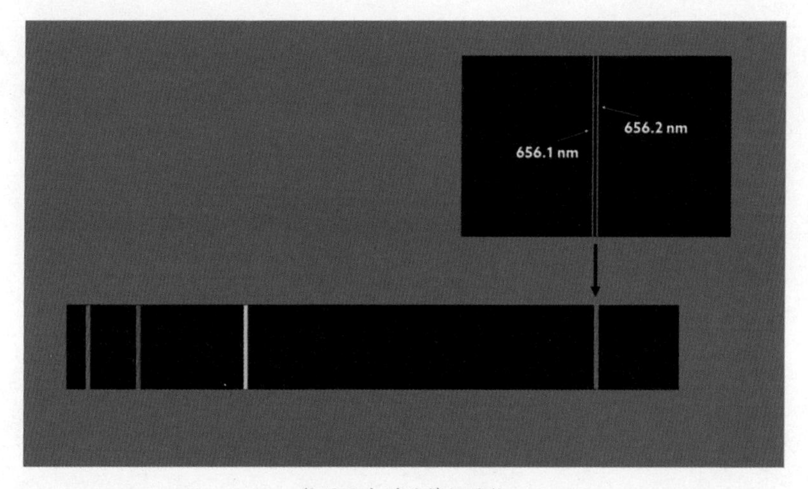

氢原子光谱的精细结构

1915 年，为了解释氢原子光谱的精细结构问题，德国物理学家阿诺德·索末菲修正了玻尔的原子模型，把玻尔模型允许的轨道从圆形轨道拓展至椭圆轨道，这意味着同一个能级可以同时存在圆形轨道和椭圆轨道。由于电子在圆形轨道上的速度比在椭圆轨道上小了一点点，所以两个轨道的能量之间存在差异。

举个例子，当一个电子从 n 等于 2 的能级跃迁到 n 等于 1 的能级时，会出现两种情况。第一种情况就是电子从 n 等于 2 的圆形轨道跃迁到 n 等于 1 的轨道，而第二种情况则是电子从 n 等于 2 的椭圆轨道跃迁到 n 等于 1 的轨道。很显然，两种情况所产生的电磁波的能量是有差异的。这就是单条谱线能分裂成两条谱线的原因。

让我们回到玻尔原子模型解释不了的第二个问题。如果电子都喜欢稳定的低能量态，那为什么电子不全都聚集到最低能级的轨道上，而是有规律地分布在不同的能级上？为了解释这个问题，物理学家引入了四个量子数来描述原子，分别为主量子数 n、角量子数 l、磁量子数 m 和自旋量子数 s。主量子数决定轨道的能级，角量子数决定电子的轨道形状，磁量子数决定电子在轨道上的具体空间方向，而自旋量子数描述了电子的自旋状态。

这四个量子数描述了一个电子的量子态。每个电子都有独特的一组量子数，这意味着两个电子不能拥有相同的量子态，这就是泡利不相容原理。泡利不相容原理导致了电子有规律地分布在不同的能级上，这也是我们不能无限压缩原子的一个原因。

这一层基本上延续了玻尔的思想。把原子量子化推向了极致，并得出了几个关于原子的新结论：第一，原子的能级、轨道角动量以及磁矩都是可以被量子化的。第二，除了质量和电荷，电子还存在自旋这种内禀属性。第三，两个电子不能拥有相同的量子态，这也是不是所有电子都在最低能级的原因。

德布罗意物质波理论

第五层，物质粒子也是一种波。1905年，爱因斯坦提出光量子假说，把光当成光子并成功解释了光电效应。但是这也引出了一个问题，对当时的物理学家而言，波就是波，粒子就是粒子，两者是截然不同的概念，所以爱因斯坦把光当成粒子这个举动模糊了粒子的定义，让物理学家分不清粒子和波的界限到底在哪里。然而，有一位年轻人也因此受到了启发，他就是法国物理学家路易·德布罗意。1924年，德布罗意提出所有物质粒子都具有波的性质，也就是物质粒子是一种波。德布罗意认为既然光可以同时拥有波动属性和粒子属性，那凭什么身为微观粒子的电子不能展现波动属性呢？于是德布罗意在玻尔原子模型中引入了物质波这个概念。他是这样描述原子的：电子以驻波的形式围绕着原子核，而轨道的周长必须是电子波长的整数倍。换句话说，为了使电子是驻波，电子轨道的周长不能是任意值。这解释了第三层中要对原子的轨道进行量子化的原因。

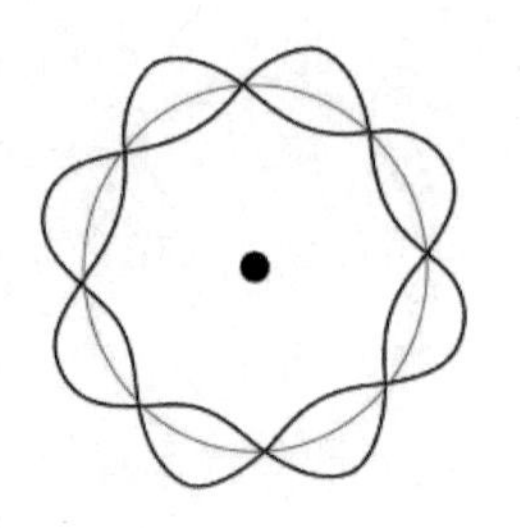
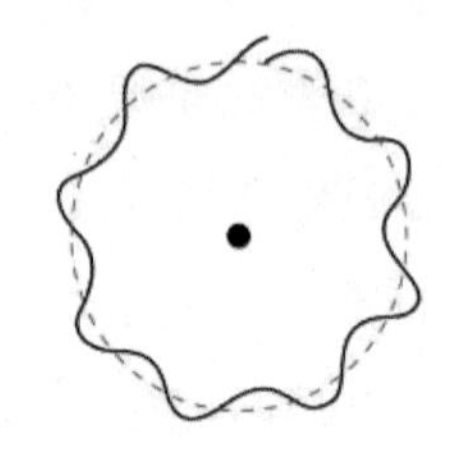

德布罗意引入了驻波的概念

1927 年，美国物理学家克林顿·戴维森和雷斯特·革末进行了电子的衍射实验。他们发现电子会形成衍射图案，这个实验证明了德布罗意的理论，电子确实是一种波，德布罗意也因此获得了 1929 年的诺贝尔物理学奖。

那么问题来了，物质真的像德布罗意所说的是由物质波或者驻波组成的吗？为了解释这个问题，让我们回到 1925 年，这一年奥地利物理学家埃尔温·薛定谔和美国物理学家彼得·德拜在一场交流会中讨论德布罗意的物质波理论。德拜提醒薛定谔，任何一种波都应该有它的波动方程。受到德拜的启发，薛定谔回家闭关一段时间后在 1926 年发表了著名的薛定谔波动方程，并给出了准确的氢原子光谱规律。随后，他的波动方程在量子力学界引起轰动。

然而，虽然他的波动方程同样能解释氢原子光谱，但是他的波函数是有虚数的，所以当时的物理学家并不清楚这个波函数的物理意义，其中也包括薛定谔本人。在论文发表后不久，德国物理学家马克斯·玻恩给出了波函数的物理意义，也就是波函数的模平方就是概率密度。玻恩因此获得了 1954 年的诺贝尔物理学奖。

$$p = |\psi|^2 \tag{2-5}$$

式中 p 为概率密度，ψ 为波函数。

那么问题来了，波函数的概率诠释意味着什么呢？很简单，物质粒子确实是一种波，即概率波。比如在单电子双缝干涉实验里，电子一个个地通过狭缝后依旧会出现明暗相间的干涉条纹。之前物理学家的说法是一个电子会同时通过两个狭缝，自己与自己发生干涉。如果我们把电子当成一种概率波就能够很好地解释单电子双缝干涉实验：当一个电子通过双缝时，一列概率波被双缝分为两列概率波，两列概率波发生干涉后，会得出电子在探测屏上有可能出现的位置的概率分布，而这个概率分布呈现出来就是明暗相间的干涉条纹。当概率波打在探测屏上后，波函数坍缩并有了一个确定位置，在这个确定位置就能找到我们所谓的粒子。

因此，用概率描述粒子的性质能够很好地解释单电子双缝干涉实验。同样，我们也能用概率来描述原子。比如在第四层的原子模型里，所谓的电子轨道并不是指电子围绕着原子核做运动所经过的轨道，而是电子更可能出现的位置，所以一般来说我们称电子轨道为电子云。某区域的电子云密度越大，我们在该区域中找到电子的概率就越大。当然，物质粒子是一种概率波这种说法已经被很多实验证实了，这完全颠覆了人类的认知，因为组成这个世界的原子竟然是概率性的。

狄拉克之海

第六层，我们的自然界存在反物质。第五层提到的薛定谔的波动方程存在一个问题，那就是它不能描述高速粒子。其实薛定谔方程相当于经典力学中的牛顿方程，只能处理低速粒子问题。薛定谔本人很早就已经意识到了这个问题，然而，薛定谔方程已经足够复杂，他甚至找他的好朋友数学家赫尔曼·外尔帮忙解氢原子的波动方程。

直到 1928 年，英国物理学家保罗·狄拉克给出了狄拉克方程。狄拉克方程相当于相对论版本的薛定谔方程，这个方程也成功地统一了量子力学和狭义相对论。然而，狄拉克遇到了一个问题——他的方程有负能量的解，这意味着电子可以存在负能量态。

这时狄拉克想到了电子排列问题。我们都知道电子喜欢从高能级跃迁到低能级，以达到最稳定状态。但是自然界有泡利不相容原理这个限制条件，所以电子只能待在自己的能级上。

但问题来了，是谁规定电子最低只能待在 n 等于 1 的能级？难道电子不能去更低的负能量能级吗？理论上，电子可以去 n 等于 -1、-2、-3 的能级并辐射电磁波。可是这样会导致电子永远向负能级坠落，原子会永远辐射电磁波。当然，我们在现实中并没有观测到这种现象，这种现象是不可能发生的。

为了解释这个问题，狄拉克假设真空中存在着一种看不见的狄拉克之海，而这个狄拉克之海就是那些负能级轨道。这些负能级的轨道已经被一种负能量的电子占据了，所以待在 n 等于 1 的能级的电子不能跃迁过来。而这种带有负能量的电子就是反物质，随后，狄拉克把这种带有负能量的电子取名为正电子。反物质有四大特点：第一，物质粒子与反物质粒子有相同的质量。第二，物质粒子与反物质粒子有相反的电荷和自旋。第三，每个基本粒子都有它的反粒子。第四，物质粒子与反物质粒子相遇时会发生湮灭并产生高能光子。湮灭反应的质能转化率是百分之百，相比之下，核聚变只有不到百分之一的质能转化率。

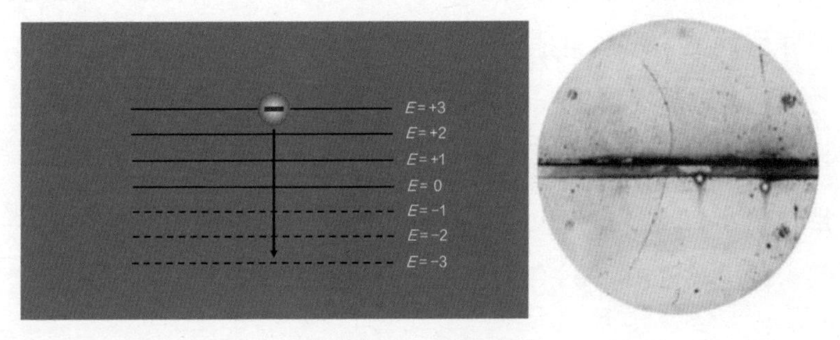

负能量态 vs 发现正电子

1932年，美国物理学家卡尔·安德森在云室中发现了正电子，这意味着反物质是真实存在的。不过，反物质有一个未解之谜：为什么现在宇宙中的物质远多于反物质？这个问题会放到第八层再说。

粒子标准模型

第七层，自然界中的基本粒子不仅仅包括电子、质子和中子。在中子被发现后，当时的物理学家认为粒子物理的大厦已经建好了。光子组成电磁波，而电子、质子和中子组成实物，这一套模型对当时的物理学家而言已经非常完美了，能够描述几乎所有的物理现象。当时的物理学家认为人类已经找到建构宇宙的所有元素了，以至于没有物理学家敢预言新的粒子。然而，这仅仅是人类对粒子的探索的前期。

其实从发现正电子开始，人类对粒子的探索才开始步入中期。当时的物理学家遇到了两个问题。第一，β 衰变中的能量不守恒。第二，互相排斥的质子却能待在那么小的原子核中。为了解释第一个问题，也就是 β 衰变的能量丢失问题，泡利在1930 年提出了 β 衰变会额外产生一种电中性的未知粒子，并把这个新粒子命名为中微子。为了解释第二个问题，日本物理学家汤川秀树在 1934 年提出了质子是被强核力吸引到一起的。

不过新的问题又来了。我们都知道任何一种力都是由粒子传递的。比如电磁力是靠虚光子传递的，弱力是靠 W 和 Z 玻色子传递的，那么强核力是靠什么传递的呢？汤川秀树认为，强核力是靠一种质量比电子大了两百倍的粒子传递的，他预言了介子这种新粒子的存在。

1936 年，安德森在宇宙射线中发现了一种轻子，并命名为 μ 子。1947 年，英国物理学家塞西尔·鲍威尔在宇宙射线中发现了汤川所预言的介子。1956 年，美国物理学家克莱德·科温与弗雷德里克·莱因斯在实验中观测到泡利所预言的中微子。那么问题来了，这些新发现的粒子究竟有没有参与组成物质呢？为什么化学元素周期表中只有电子、质子和中子，却没有这些新粒子的身影？为什么这些新粒子的存在感那么低？这些问题暂时搁在一旁，后面再讨论。

回到正题。到目前为止，人类在探索粒子的前期和中期基本上符合这个模式：预言新粒子后再用实验证实。这意味着当时的理论是领先于实验的。然而，从 1950 年开始，人类对粒子的探索进入了后期。随着高能粒子加速器和对撞机的出现，物理学家再也不用从高能的宇宙射线中寻找新粒子了，用这些机器就能找到新粒子了，而且能大量重复实验。因此，粒子物理进入了爆炸性的成长阶段。物理学家在实验中发现了约 200 种未知粒子，而这时候的实验是遥遥领先于理论的，因此，物理学家急需一套新理论来对这些新发现的粒子进行分类。这个时候粒子标准模型诞生了，这个标准模型是由多位物理学家共同完成的。

粒子标准模型就像物理版本的化学元素周期表，能对所有的基本粒子进行分类。一开始物理学家是按照质量来为新粒子分类的，但发现这样意义不大，后来改为用相互作用来为粒子分类。不参与强相互作用的叫作轻子，参与的就叫作强子。目前发现的轻子一共6种：电子、μ子、τ子，以及电中微子、μ中微子、τ中微子。μ子和τ子可以理解为比较“胖”的电子。

那么问题来了，为什么我们在自然界中很难观测到μ子和τ子呢？原因很简单，那是因为它们会在非常短的时间内衰变成比较轻的电子。这也能解答我们之前的问题：为什么几乎所有物质都是由电子、质子和中子组成的？宇宙诞生之初有很多种类的基本粒子，可是它们在极短的时间内衰变成质量更小和更稳定的电子、质子和中子，导致了现在整个宇宙中几乎是清一色的电子、质子和中子。

当时物理学家发现轻子一共就6种，可是强子却有约200种。难道是上帝偏好强子吗？其实一直以来，物理学家都在思考一个问题，那就是质子和中子的电性不一样，可是为什么它们的质量那么相近。直到1964年，这个问题才有了解答，美国物理学家默里·盖尔曼提出了夸克模型。与轻子一样，夸克也有6种，它们分别是上夸克、下夸克、粲夸克、奇夸克、顶夸克和底夸克。

盖尔曼提出所有的强子都是由夸克组成的，两个夸克能组成介子，三个夸克能组成重子。这意味着新发现的约 200 种强子都不是基本粒子，而是复合粒子。这也意味着质子和中子并不是基本粒子，而是由更基本的夸克组成的。这也解答了为什么质子和中子的质量那么相近这个问题。

这个粒子标准模型完美地对约 200 种强子以及在中期发现的新粒子进行了分类。随后物理学家对这个粒子标准模型进行了完善，比如引入了主导相互作用的规范玻色子，以及赋予所有粒子质量的希格斯玻色子。所以标准模型里的基本粒子可以分为两种：组成物质的费米子，传递相互作用的玻色子。费米子遵从费米-狄拉克统计，两个费米子不能具有同样的量子态。而玻色子遵从玻色-爱因斯坦统计，两个玻色子可以具有相同的量子态。

费米子包括夸克和轻子，而玻色子包括光子、胶子、W 和 Z 玻色子以及提供质量的希格斯玻色子。到目前为止，物理学家一共发现了 61 种基本粒子。基本夸克有 6 种，需要乘以 2 是因为夸克有反粒子，要再乘以 3 是因为夸克有 3 种颜色。所以夸克一共有 36 种。基本轻子有 6 种，乘以 2 就是 12 种。光子 1 种，胶子 8 种，W 玻色子和 Z 玻色子一共有 3 种，希格斯玻色子 1 种。所以自然界中存在的基本粒子一共有 61 种。粒子标准模型是物理学界最成功的物理模型之一，能为宇宙中所有的粒子进行分类。有物理学家曾经说过，如果存在外星文明，他们的粒子模型或许与我们现在的粒子模型非常接近。

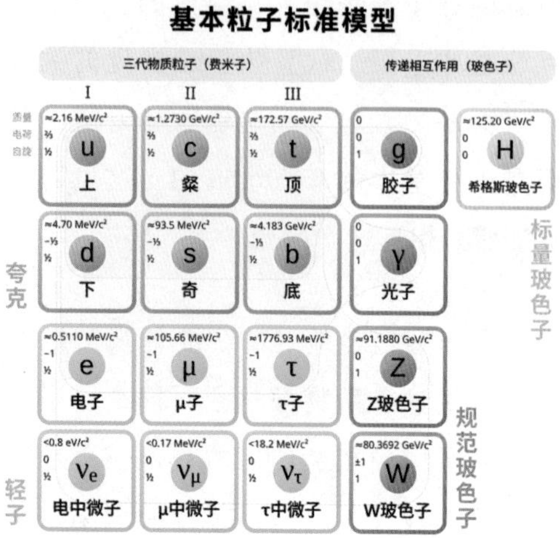

粒子标准模型

CPT 对称性

第八层，基本粒子不满足 C 对称、P 对称和 T 对称。物理学家对对称性有着异常的执着，这是因为每一种对称性都能给出一个守恒定律。随着粒子物理的迅速发展，物理学家已经通过研究对称性发现了各种守恒定律。当时有五种非常“强大”的守恒定律或对称性，分别为能量守恒定律、电荷守恒定律，以及 C 对称、P 对称、T 对称。如果守恒定律有排名，那么它们一定是排名最高的那五个，以至于当时没有物理学家敢撼动它们的地位。

这一层主要聊一下后三种，也就是 C 对称、P 对称、T 对称。什么是对称性？很简单，如果我们说某个东西满足某种对称性，那么这个东西一定是经过某种变换后保持不变的。举个例子，如果正方形在旋转 90° 后保持不变，那么正方形就满足离散旋转对称性。然而，如果我们对正方形进行更苛刻的变换，也就是让正方形旋转任意角度，正方形就改变了，那么正方形就不满足连续旋转对称性。只有圆形同时满足这两种对称性。而前面提到的 C 对称、P 对称、T 对称属于离散对称性。

第一种对称性，C 对称，也叫作电荷共轭对称。在经典物理中，C 变换就是把正电荷换成负电荷，负电荷换成正电荷。在这种变换下，吸引和排斥的物理规律仍然保持不变，所以同性相斥异性相吸这个物理规律在 C 变换下是保持不变的。然而，在粒子物理中，由于物质和反物质的一个区别就是它们的电荷相反，所以 C 变换等同于把物质和反物质互换，来验证物质与反物质是否“等价”。

第二种对称性，P 对称，也叫作空间反演对称。在经典物理中，P 变换就是翻转其中一个空间维度，可以验证镜里镜外的物理规律是否相同。比如牛顿第二定律 $\boldsymbol{F}=m\boldsymbol{a}$，其中的 $\boldsymbol{F}$ 与 $\boldsymbol{a}$ 是矢量，如果我们对 $\boldsymbol{F}=m\boldsymbol{a}$ 进行空间反演变换，$\boldsymbol{F}=m\boldsymbol{a}$ 不会改变，那么牛顿第二定律就满足 P 对称。在粒子物理中，P 变换可用于验证左旋粒子和右旋粒子是否相同。

第三种对称性，T 对称，也叫作时间反演对称。在经典物理中，T 变换就是把一个物理过程倒放，来验证物理规律是否改变了。举个例子，有一个弹跳中的小球，如果我们把弹跳过程倒放后看不出与原来的区别，那么这个物理过程就满足时间反演对称性。

然而，问题来了，我们能不能看出区别呢？很简单，这个物理过程分为两个阶段：第一阶段是自由落体，第二阶段是反弹。自由落体倒过来就是反弹，反弹倒过来就是自由落体。不过，弹跳的过程并不满足T对称，因为存在能量损耗。如果把弹跳这个过程倒放，我们会发现这个倒放后的过程违反了物理规律。所以弹跳这个过程并不满足T对称。当然，这涉及熵以及时间之矢等概念，之后再聊。回到正题，虽然多数宏观物理过程因为熵的存在而不满足T对称，但基本粒子层面是满足T对称的，至少在当时认为是这样的。

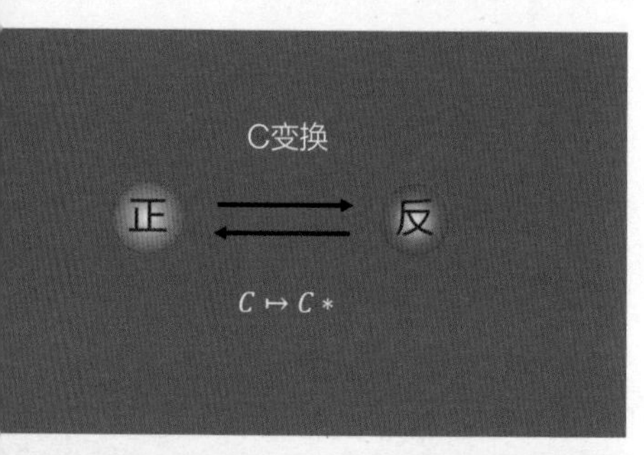

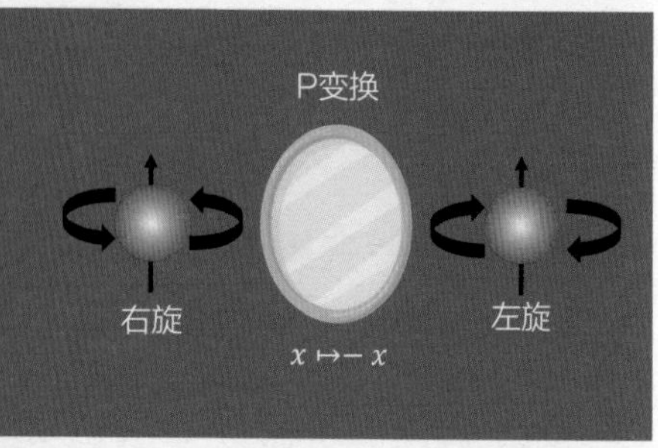

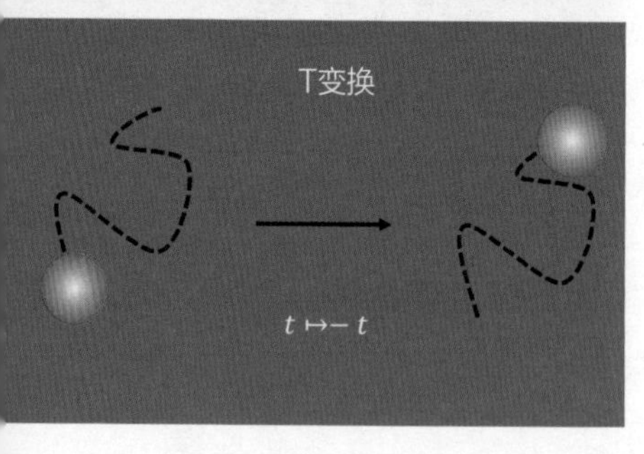

C对称、P对称和T对称

时间回到1950年。物理学家发现θ粒子和τ粒子的质量、电荷和寿命完全相同，一开始，物理学家很开心，因为他们发现θ粒子和τ粒子可能是同一种粒子。但是随后物理学家发现了一个很严重的问题，那就是这两种粒子的宇称不一样，不满足宇称守恒定律。所以为了保全宇称守恒定律，当时的物理学家就索性不承认这两种粒子是同一种粒子。

直到 1956 年，华裔物理学家杨振宁和李政道发表了论文质疑弱相互作用中的宇称守恒，认为 θ 粒子和 τ 粒子就是同一种粒子，并寻找实验来验证他们的猜想。但是有许多物理学家认为他们只是在浪费时间，其中包括泡利和费曼，其实这也不奇怪，因为在当时宇称守恒是铁律一般的存在，是物理界的常识，没人能撼动它的地位。

1957 年，华裔物理学家吴健雄通过观测 Co-60 的 β 衰变，发现了左旋原子核与右旋原子核发射的电子并不镜像对称，原子核会优先选择一个方向发射电子。这个实验证实了弱相互作用之下宇称不守恒。

随后，杨振宁和李政道获得了 1957 年的诺贝尔物理学奖。在宇称不守恒被实验证实后，许多物理学家开始验证基本粒子以及其他相互作用是否满足 C 对称和 T 对称。

不过理论上，只要 P 对称被打破，C 对称也会跟着被打破。为什么呢？很简单，我们在第六层就已经知道了，物质和反物质有着相反的自旋，这意味着左旋粒子与右旋反粒子是对称的，所以只有左旋粒子和右旋反粒子能感受到弱相互作用。

我们对左旋粒子进行 P 变换后得到右旋粒子，左旋粒子能感受到弱相互作用而右旋粒子感受不到弱相互作用，所以左旋粒子不满足 P 对称。

同样，如果我们对左旋粒子进行 C 变换后得到左旋反粒子，只有左旋粒子能感受到弱相互作用而左旋反粒子感受不到弱相互作用，因此，粒子不满足 C 对称。这就是只要 P 对称被打破，C 对称也会跟着被打破的原因。

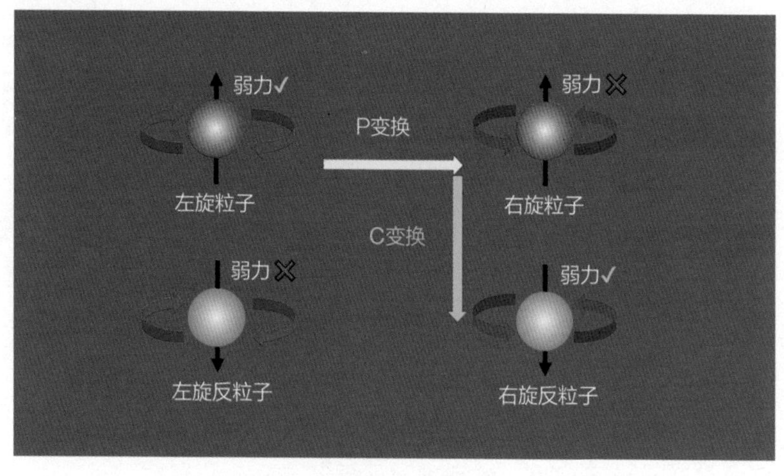

C 变换与 P 变换

想必大家已经发现了，CP 这个“变换组合”是对称的。如果我们对左旋粒子进行 P 变换得到右旋粒子，再对右旋粒子进行 C 变换得到右旋反粒子，由于两种粒子都能感受到弱相互作用，所以基本粒子具有 CP 对称性。这就好比我们分别在两个正方形上施加 30° 和 60° 旋转变换，我们得不到相同的正方形。但如果我们对同一个正方形施加 30° 旋转变换后再施加 60° 旋转变换，我们能得到相同的正方形，那么正方形就有这个旋转变换组合的对称性。

CP 对称是在杨振宁和李政道提出宇称不守恒之后被提出来的，也曾经是物理学家最后的底线。可惜的是，在 1964 年，美国物理学家詹姆斯·克罗宁和瓦尔·菲奇发现了 CP 破坏的迹象。他们又是如何发现的呢？中性 K 介子在传播时会变成自己的反粒子，而反粒子又会变回原来的粒子，以此类推。这种现象叫作中性粒子振荡，是由弱相互作用主导的。他们发现粒子变成反粒子，以及反粒子变回粒子所花费的时间是不同的，这意味着物质和反物质不满足 CP 对称性。我们的自然界似乎更偏爱物质，而 CP 破坏似乎能解释为什么今天物质远多于反物质。

有趣的是，如果 CP 对称发生了破坏，那么 T 对称也会跟着被打破。为什么呢？这是因为如果我们把 CP 破坏这个过程倒放，我们会发现这两个过程是不同的。因此，基本粒子同样不满足 T 对称。想必大家已经猜到了，CP 和 T 这个变换组合会是对称的。所以 CPT 对称才是自然界的真正的对称性，是现代物理学的根基，至少目前这个 CPT 对称没人发现被破坏的迹象。

总的来说，宇称不守恒的发现就像多米诺骨牌效应。在 P 对称被推翻后，物理学家先后推翻了 C 对称、CP 对称以及 T 对称，甚至去质疑现代物理学的根基——CPT 对称。这一层有一个非常“荒谬”的结论，那就是上帝对基本粒子的左右有偏好，对正反物质有偏好。当然，我们人类只能默默接受自然界的规则。

量子场论

第九层，粒子是量子场的激发态。其实在很久以前，物理学中就已经有了三个非常重要的概念，这三个概念分别为粒子、相互作用（力）和场。

1687 年，牛顿给出了万有引力定律。虽然他的万有引力定律能够很好地描述天体运动，但他解释不了为什么两个物体之间存在引力以及其中的超距作用。随后，法国数学家拉普拉斯提出了引力场这个概念，认为引力并不是瞬时的，天体的引力场是以一定速度扩散来影响其他物质的。

18 世纪电磁学兴起后，物理学家在描述库仑力以及磁力的时候也用了场这个概念。电磁学中的场是能够通过实验具象化的，比如我们在磁铁旁边撒铁屑，铁屑会按照磁场的“形状”分布。从这时候开始，相互作用与场就有了非常强的联系，现今的四大基本相互作用都是用场来描述的。然而，场的引入依旧没有解释为什么两个物体会互相吸引，也没有解释为什么两个带电粒子会互相吸引或排斥。

在粒子标准模型里，物理学家把粒子和相互作用联系在一起了。根据粒子标准模型，宇宙中所有的相互作用都是由交换粒子来实现的。根据经典力学，两个人互相丢球时会交换动量。他们会因为反冲作用而慢慢地彼此远离。同样，电磁相互作用是通过交换虚光子来实现的，强相互作用是通过交换胶子来实现的，残余强相互作用是通过交换介子来实现的。这似乎解释了所有相互作用的起源。

不仅如此，当时的物理学家还非常好奇一些问题：为什么宇宙中的每个电子都长得一模一样？为什么每个电子有相同的质量和电量？难道整个宇宙中就不存在大小不一样的电子吗？要回答这些问题，让我们把时间拉回到1905年。自从爱因斯坦提出光量子假说来解释光电效应后，物理学家就有了两种不同的理论来描述光。第一种理论就是麦克斯韦的电磁理论，也就是光是一种电磁波或者电磁场的“涟漪”。第二种理论就是爱因斯坦的光量子假说，也就是光是一种粒子。

这似乎为我们带来了一个结论，那就是场就是粒子，粒子就是场。这个结论为后来的量子场论打下了基础，把剩下的粒子和场联系在一起了。而量子场论是这样描述粒子的：我们的宇宙中到处充斥着不同种类的量子场，比如电子场、夸克场、希格斯场和光子场等，量子场的激发态就是我们所谓的粒子，比如电子场的激发态就是电子，光子场的激发态就是光子，以此类推。宇宙中所有的物理现象都是这些量子场或量子场激发态之间的相互作用。就算在真空中，这些量子场依旧存在，所以真空并不空，真空不空这种现象已经被很多实验证实了。

量子场这个概念似乎解释了为什么宇宙中所有的电子都长得一模一样。这是因为同一种粒子共享同一个量子场，比如宇宙中所有的电子都共享同一个电子场。这意味着量子场是比粒子本身更接近本质的存在，只有量子场存在，粒子才能存在。建构这个世界的基本单元不再是粒子，而是量子场。

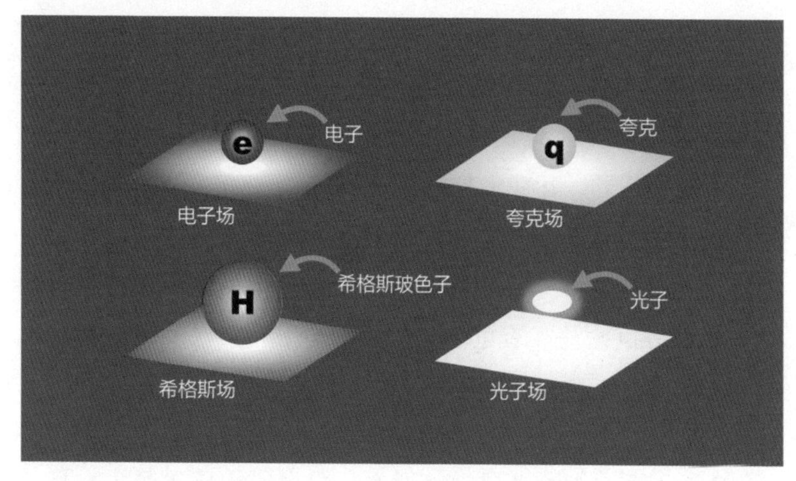

量子场

弦论

第十层，基本粒子是由弦组成的。到目前为止，物理学家用第八层的粒子标准模型以及第九层的量子场论来描述整个宇宙。前者对所有的基本粒子进行了分类，而后者描述了粒子之间的相互作用，并统一了场论、狭义相对论以及量子力学。然而，这些理论并没有把引力考虑进去，因为物理学家统一不了量子力学和广义相对论。

无可否认的是，量子力学和广义相对论都是很成功的理论。量子力学能很好地描述微观尺度的物理现象，而广义相对论能很好地描述宏观尺度的引力现象。它们在各自的领域属于最成功的理论。然而，物理学家无法将这两套理论统一在一起。可能这时候你有两个问题：第一，为什么物理学家非要将它们统一在一起？第二，为什么这两套理论不相容？

先来回答第一个问题。为什么物理学家那么执着于统一量子力学和广义相对论？这是因为在描述黑洞的奇点时，广义相对论会遇到引力无穷大、奇点无穷小的问题，所以物理学家需要量子力学来帮忙描述无穷小的奇点。统一这两个理论能让我们更好地描述黑洞，也能让我们理解宇宙大爆炸的起源。

让我们回答第二个问题。为什么量子力学和广义相对论不相容？有三个原因。

第一个原因，广义相对论的作用是定域的而量子力学的作用是非定域的。什么意思呢？也就是说广义相对论里的物质只会对时空上的一个区域产生作用，而量子力学里的粒子是按照概率分布在整个空间的。如果广义相对论像量子力学一样是非定域的，那么同一个物质可以散布在整个空间，并对多个区域产生引力。至少目前没有任何实验证明引力能处于量子叠加态。

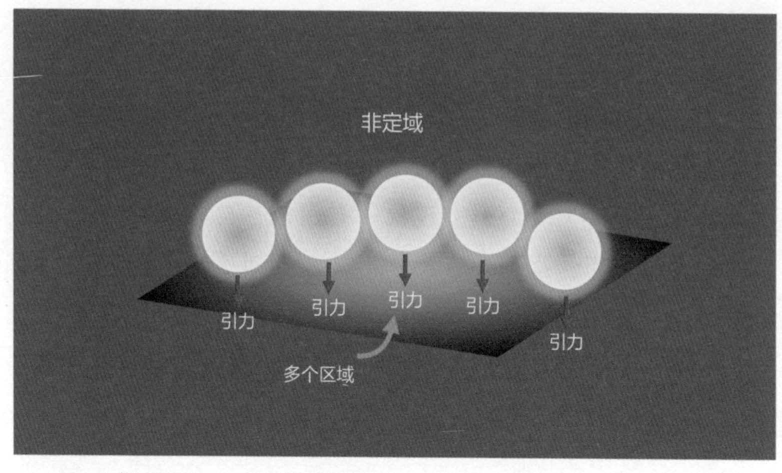

非定域的引力处于量子叠加态

第二个原因，两套理论对时间和空间有着截然不同的解读。量子力学认为时空是静态的，也就是时间和空间是互相独立存在的。而广义相对论里的时空背景是动态的，也就是时间和空间不是互相独立的，而是会相互影响的。

第三个原因，根据广义相对论，引力严格来说不是力，而是时空弯曲的一种表现。所以物理学家很难用像其他力一样的交换引力子这类概念来描述引力。

不仅如此，其实从经典物理学开始就存在一个问题，那就是基本粒子被当成点粒子来处理。举个例子，在描述电磁力时，电子被当成点粒子。这意味着当距离等于 0 时，电磁力是无穷大的。不仅仅是电磁力，其他力也会遇到类似的问题。然而，这些力的无穷大问题都能被量子场论里的重整化解决。可惜的是，引力从数学上来说是不能被重整化的，这也直接导致了引力不能被量子化。

有意思的地方来了，如果我们不把粒子当成一个点粒子，而是当成一根弦呢？这样是不是能消除无穷大的问题？不仅如此，标准模型中基本粒子一共有 61 种，比卢瑟福原子模型还多了 50 多种，如果我们假设所有的基本粒子都是由同一种弦组成的，那么组成这个世界的基本单元只有一种，也就是一维的弦。弦的长度代表粒子的质量，不同的振动模式又代表着不同的粒子。

不仅如此，把弦当成物质的基本单元也能解释衰变的机制。比如在 α 衰变中，U-238 通过发射 α 粒子形成 Th-234。不过这种衰变形式比较好理解，因为 U-238 本身就是由 Th-234 和 α 粒子组成的。但是 β 衰变就比较难理解了，在中子变成质子时，会释放出电子和反电中微子，但这并不代表中子是由质子、电子和反电中微子组成的。

那么问题来了，为什么中子会直接变成这三种粒子？有趣的是，弦论能解释这种类型的衰变过程。比如 τ 子衰变时，τ 子的弦能分裂成电子的弦、τ 中微子的弦和反电中微子的弦。这是因为弦的本质是纯能量，所以一根弦能分裂成不同能量的弦。当然，实际过程比大家想象中的复杂很多，大家只需要知道弦论能够解释衰变的机制就行了。

弦论版本的衰变机制

那么问题来了，弦论是正确的吗？要想回答这个问题，就让我们把时间拉回到1924年。当时的德布罗意在玻尔原子模型中引入了驻波的概念，其实这种驻波与弦非常相似，而在后来的薛定谔方程中也能看到弦的身影。

1968年，意大利物理学家加布里埃莱·韦内齐亚诺构造了一个函数来描述强相互作用，而他偶然发现这个函数早在200多年前就已经有人给出了，就是大名鼎鼎的数学家欧拉。欧拉的贝塔函数恰好能描述强相互作用的一些散射模型。然而，当时的韦内齐亚诺不知道贝塔函数的物理意义。直到1970年，三位分别来自日本、丹麦和美国的物理学家——南部阳一郎、霍尔格·尼尔森以及李奥纳特·萨斯坎德，给出了韦内齐亚诺方程的物理意义，那就是粒子可以被视为一维的弦。

不过，当时的弦论并不能很好地描述强相互作用，与实验数据不符。雪上加霜的是，1973 年发现的渐近自由让量子色动力学（QCD）名声大噪，意味着物理学家不再需要弦论来描述强相互作用，许多物理学家抛弃了弦论并转战 QCD。弦论迎来了第一次寒冬。

但有一位美国物理学家始终没有放弃弦论，他就是约翰·施瓦茨。施瓦茨尝试用弦论解释费米子时，他的数学模型自动出现质量为 0、自旋为 2 的粒子，然而这种粒子并不存在于标准模型中。于是施瓦茨尝试从数学上消除这个新粒子，可是他发现不管怎样做都避免不了新粒子的出现。几年后物理学家才意识到这个质量为 0 而自旋为 2 的粒子恰好就是传递引力的引力子。可能这时你会好奇，为什么其他规范玻色子的自旋是 1 而引力子的自旋是 2？其实自旋为 2 能解释为什么引力只有吸引力而没有排斥力。

虽然弦论不能描述强相互作用，但是弦论似乎能从微观的角度来描述引力，而且不会出现无穷大的情况。这个弦论让物理学家看到统一其他力与引力的希望。于是许多物理学家纷纷加入研究弦论的队伍之中，因此爆发了第一次超弦革命，随后诞生了五个版本的超弦理论。1995 年，美国物理学家爱德华·威滕统一了这五个版本的超弦理论，并证明它们在数学上是等价的。这个统一后的超弦理论被称为 M 理论，M 理论在计算了黑洞的熵后符合霍金的预测。于是爆发了第二次超弦革命。

当然，弦论本身还存在着不少问题，尤其是弦论很难，甚至是不可能被实验验证的。这是因为验证弦论所需的能量太大了，相应的粒子加速器的半径至少得达到银河系半径的尺度。而且高能的实验能产生黑洞，会影响我们对弦的观测。不过，弦论是目前万有理论的候选者之一，它让物理学家看到了希望。或许它能描述所有物质，甚至统一所有的相互作用。

在日常生活中，有非常多的力主宰着我们的生活，比如重力、弹力、磁力、浮力、摩擦力、空气阻力、电力、支撑力，以及引力。其实这些力是可以“化繁为简”的，比如弹力和摩擦力就是因为原子之间的电磁力而产生的。在现代物理学中，物理学家把力称为相互作用，并认为这个宇宙中只有四种基本相互作用，也就是引力、电磁力、弱力和强力。了解相互作用的本质对人类来说至关重要。想象一下，如果光与物质之间没有相互作用，那么我们的宇宙会是多么无聊啊！本章将会逐一探讨每种相互作用的本质，最后再为大家科普为什么这些基本相互作用能被统一起来。

相互作用

引力不是力

很多科普作品是这样解释引力的：物质告诉时空如何弯曲，而时空告诉物质如何运动，所以引力不是力。可是这样的说法能让你真正理解引力的本质和广义相对论的精髓吗？本节将会深度探讨引力的本质。

物理学家用物质、空间、时间和相互作用（力）描述和建构了整个宇宙。有了空间，物质才有资格存在；有了时间，物质才有资格运动和发生变化；有了力，物质才能真正存在、运动和发生变化。它们互相独立，扮演着各自的角色。这套宇宙观看似很完美，然而在爱因斯坦提出狭义相对论以及广义相对论后被颠覆了。

其实在狭义相对论诞生之前，时间对于多数人而言仅仅是一个计时器。就算是物理学家，也只把时间当作一个变量来描述系统的演化过程。谁也不会想到，爱因斯坦在他的狭义相对论里把时间和空间统一成一个概念，也就是时空。不仅如此，爱因斯坦在他的广义相对论里把物质、时空和引力联系在一起了，它们再也不是互相独立的了。爱因斯坦究竟是如何做到的？接下来先让我做一些铺垫。

从伽利略到牛顿的引力

早在1589年，意大利物理学家伽利略就在意大利比萨斜塔上做了自由落体实验。他将两个重量不同的球从相同的高度同时扔下，来验证哪一个球坠落得比较快。按照我们的直觉，肯定是比较重的球坠落得比较快，然而结果是两个球几乎同时落地。这意味着无论物体有多重，所有物体坠落的速度是相同的。这完全违反了我们的直觉。

1687年，牛顿发表了《自然哲学的数学原理》，其中就包括他的万有引力定律。万有引力是遵从平方反比定律的，也就是说两个物体之间引力的大小与它们的质量乘积成正比，与它们之间距离的平方成反比。换句话说，物体的质量越大，受到的引力就越大，而两个物体的距离越远，受到的引力就越小。

按理来说，物体的质量越大，受到的引力就越大，坠落的速度就越快。然而，无数实验证明了物体坠落的速度与质量没有任何关系。比如，近代有一个著名的自由落体实验，物理学家制造了一个真空环境并复刻了伽利略的实验，不过他们并不是用质量不同的球，而是用更极端的羽毛和铅球来做这个实验。实验结果也显示了羽毛和铅球在相同的高度同时坠落是同时落地的，那么我们应该如何解释这种现象呢？

小贴士

伽利略自由落体实验：据《伽利略传》记载，1589 年伽利略在比萨斜塔当着其他教授和学生的面做了这个实验，推翻了亚里士多德的观点。

为什么所有物体的坠落时间都一样

前面说过，惯性质量和引力质量是截然不同的概念。惯性质量反映了推动一个物体到底有多难，而引力质量反映了物体产生或受到的引力到底有多大。万有引力定律中的质量指的是引力质量而不是惯性质量。有趣的地方来了，如果引力质量等于惯性质量会发生些什么呢？先让我稍微做一下推导。

根据万有引力定律，引力的大小可以用以下公式来表示：

$$F_{\text{引力}} = \frac{GMm_{\text{引力}}}{r^2} \tag{3-1}$$

式中 $F_{\text{引力}}$为引力，G 为万有引力常量，M 为地球的质量，$m_{\text{引力}}$为物体的引力质量，r 为物体与地心之间的距离。

根据牛顿第二定律，

$$F_{\text{惯性}} = m_{\text{惯性}}a \tag{3-2}$$

式中 $F_{\text{惯性}}$为惯性力，$m_{\text{惯性}}$为物体的惯性质量，a 为加速度，如果引力质量等于惯性质量，$m_{引力}=m_{惯性}$，那么式（3-1）与式（3-2）可以被简化为：

$$a=\frac{GM}{r^2} \tag{3-3}$$

式中 a 为加速度，G 为万有引力常量，M 为地球的质量，r 为物体与地心之间的距离。

这里不难看出，如果引力质量与惯性质量是相等的，那么质量项就会互相抵消。由式（3-3）得出物体的加速度与物体本身的质量并没有任何关系。物体的加速度只取决于施加引力的天体的质量、万有引力常量以及物体与天体中心的距离。所以不同质量的物体坠落的速度是一样的。

不用数学推导，其实大家也可以理解这种现象。根据万有引力定律，引力质量大的物体受到的引力比较大，理应坠落得比较快。但与此同时，物体的惯性质量比较大，这就导致了物体的加速度变小。在此消彼长的情况下，真空中所有物体的自由落体速度是相同的。不过，其实这个结论对于物理学家而言是非常荒谬的，因为自然界并没有任何“义务”让引力质量和惯性质量相等，这是牛顿解释不了的地方，也为后续的广义相对论埋下了伏笔。

小贴士

牛顿第二定律：物体加速度的大小跟作用力成正比，跟物体的质量成反比。

加速运动是绝对的吗

根据伽利略相对性原理，观测者无法区分自己是绝对静止的还是匀速运动着的。虽然不同的观测者得出的结论或许是不一样的，但是所有观测者的结论都是正确的。物理学家把这种参考系称为惯性参考系。

虽然观测者无法区分静止状态和匀速运动状态，但是所有的观测者都一致认同谁在做加速运动，这是因为加速运动会产生惯性力。举个例子，突然加速的汽车会使我们有一种推背感，这就是所谓的惯性力。我们可以通过观察惯性力来判断究竟是谁在做加速运动，而正在经历加速运动的参考系也被称为非惯性参考系。总之，静止和匀速运动是相对的，但是加速运动是绝对的。这个相对性原理放到狭义相对论中也是正确的。然而事实真的这么简单吗？加速运动是绝对的吗？

相较于伽利略相对性原理，狭义相对论还多了一条基本假设，就是光速不变原理。根据光速不变原理，每位观测者都认同真空中的光速是不变的，这个光速不变原理已经由实验证实了。然而“代价”就是，双方不再认同事件发生的顺序，这种现象也被称为同时的相对性。什么意思呢？让我举个例子。现在我在家里吃饭，与此“同时”，你正在珠穆朗玛峰登顶，陨石在撞击月球，距离地球 1.7 万光年的超新星爆发了。我可能会认为这些事件都是同时发生的，只是光需要一些时间传播到达我的眼睛。但爱因斯坦说不对，我们不能站在上帝的绝对视角看待事件的发生。这是因为同时是相对的，对于其他观测者来说，事件发生的先后顺序或许会稍微不一样。之前提到的钟慢效应和尺缩效应都和同时的相对性有关，而同时的相对性源自光速不变原理。这意味着双方不再认同对方的时间和空间了，时间和空间是相对的。

我们都在四维时空中以光速运动

事实上，宇宙间所有的物质都在四维时空中以光速运动。如果现在的你静止不动，那么你依旧在时间维度以光速运动。反之，如果你在空间维度运动得越多，那么你在时间维度就运动得越少。这就是钟慢效应的原因。物体在空间维度运动得越快，在时间维度就运动得越慢，所以时间会慢下来。值得一提的是，光子在空间维度以光速运动，那么它在时间维度的运动速度为0。所以光子的时间是静止的，光子也是不会衰变的。对于光子而言，从诞生到被吸收只是一瞬间的事情。

时间速度和空间速度之间的关系可以用以下公式来表示：

$$c^2 = (c\frac{\mathrm{d}\tau}{\mathrm{d}t})^2 + (\frac{\mathrm{d}X}{\mathrm{d}t})^2 \qquad (3\text{-}4)$$

式中，c 为光速，$\mathrm{d}\tau/\mathrm{d}t$ 为时间速度，$\mathrm{d}X/\mathrm{d}t$ 为空间速度。

通过这个公式，我们不难发现时间速度与空间速度是可以互相转化的。时间速度越小，空间速度就越大。反之，时间速度越大，空间速度就越小。时间速度和空间速度是互相平衡的。就算我们不在空间维度运动，我们也会在时间维度运动。这一点非常重要，后面解释引力的本质时会用到。总的来说，虽然我们在三维空间中不能以光速运动，但我们在四维时空中都是以光速运动的。

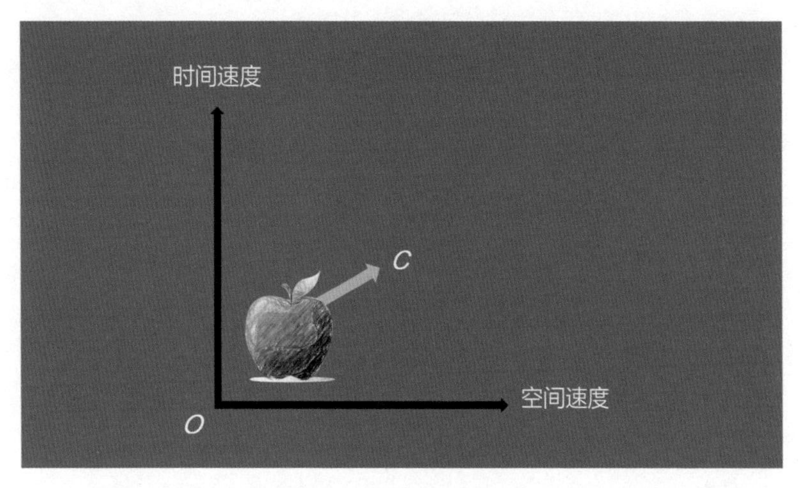

时间速度与空间速度

在解析引力的本质之前，我想为大家科普一些关于几何的知识。牛顿的空间是三维的欧几里得空间，而爱因斯坦的时空是四维的闵可夫斯基空间。爱因斯坦的四维时空不仅仅是比牛顿的三维空间多了一个时间维度，这两种几何空间的性质从根本上是截然不同的。有趣的是，闵可夫斯基空间也可以被称为伪欧几里得空间，这是因为闵可夫斯基空间与欧几里得空间非常相似但不相同。虽然牛顿的三维空间和二维空间有一个维度差，但是它们的性质是相同的，都属于欧几里得空间。但对于爱因斯坦的时空以及牛顿的空间而言，如果要找两个位置之间的距离，它们是非常相似但不相同的。

计算三维的欧几里得空间的两个位置之间的距离的方式：

$$s^2 = x^2 + y^2 + z^2 \tag{3-5}$$

式中，s 为两个位置之间的距离，x、y、z 为三个空间维度上的距离。

计算四维的闵可夫斯基空间的两个位置之间的距离的方式：

$$\mathrm{d}s^2 = -c^2\mathrm{d}t^2 + \mathrm{d}x^2 + \mathrm{d}y^2 + \mathrm{d}z^2 \tag{3-6}$$

式中，$\mathrm{d}s$ 为两个位置之间的距离，$\mathrm{d}t$ 为时间维度上的距离，$\mathrm{d}x$、$\mathrm{d}y$、$\mathrm{d}z$ 为三个空间维度上的距离。

这里不难发现，虽然式（3–5）与式（3–6）非常相似，但是它们还是有区别的。式（3–6）的时间维度项有一个负号，而这个负号导致了闵可夫斯基空间的时间和空间部分有本质上的区别，所以时间和空间并不是等价的。在狭义相对论被提出后，闵可夫斯基空间取代了欧几里得空间，这是因为爱因斯坦的时空观能让物理学家更好地描述高速粒子。不过问题来了，既然我们有了狭义相对论，那为什么我们还需要广义相对论呢？很多人认为狭义相对论解释不了加速运动，也描述不了引力。这是不对的，其实狭义相对论是可以解释加速运动和描述引力的。那为什么我们还需要广义相对论呢？

> 小贴士
> 闵可夫斯基空间在数学、物理学中是指由三维欧几里得空间与时间组成的四维流形，其中任意两个事件之间的时空间隔与所选择的惯性参考系无关。

为什么狭义相对论描述不了引力

其实狭义相对论本身就存在两个问题。第一个问题是，我们应该如何定义惯性参考系？牛顿认为凡是相对于绝对空间静止或做匀速直线运动的参考系就是惯性参考系。牛顿用水桶实验证明了绝对空间的存在。牛顿的水桶实验是这样的：用一条长而柔软的吊绳悬挂着一桶水，将吊绳扭成螺旋状，当我们挂起吊绳，并手握螺旋状的绳子不松开时，水桶和桶中的水是相对静止的，水面呈现平坦状态。如果我们突然松手，吊绳松弛并开始旋转，水桶也随之旋转。此时桶中的水并没有旋转，只有桶在旋转，所以桶和桶中的水相对旋转，水面仍然是平坦的。逐渐地，水被桶带动并开始旋转。最终，水和桶以同样的转速旋转。这个时候水和桶之间是相对静止的，水面呈现凹状。

这个实验结果很奇怪。一开始的时候水桶与水是相对静止的，水面是平坦的。最后水跟着水桶旋转时，水桶与水还是相对静止的，可是水面却呈现凹状。所以牛顿通过这个水桶实验得出了一个结论，那就是绝对空间是存在的。根据牛顿的解释，虽然水和水桶是相对静止的，但是它们都相对于绝对空间旋转，所以才会有所谓的离心力。然而，我们都知道爱因斯坦的狭义相对论并不承认牛顿的绝对时空观。那么狭义相对论应该如何解释这种现象呢？

牛顿的水桶实验

第二个问题是，万有引力应该如何纳入相对论的框架？当时，物理学家已经发现了两种力，也就是电磁力与万有引力。前者与狭义相对论符合得非常好，但后者却产生了很多矛盾之处。首先，牛顿的万有引力几乎是瞬时的，这违背了狭义相对论的光速限制。此外，如果我们尝试给万有引力施加一个光速限制，天体轨道会变得非常不稳定。不仅如此，前面提到了空间是相对的，这意味着两个物体之间的距离是相对的，将会导致每位观测者所观测到的引力大小是不一样的。举个例子，运动中观测者看到两个物体之间的引力是5N，而静止观测者看到两个物体之间的引力是 4N。所以，我们需要全新的引力理论取代牛顿的万有引力理论。

仔细想想，惯性参考系为什么那么重要呢？之前也提到了，我们无法区分静止和匀速运动。如果我们无法区分，那就必定存在某种真理，也就是在所有惯性参考系中得到的物理规律是相同的。不仅仅是力学实验，爱因斯坦用狭义相对论让电磁学实验同样成立。这就是惯性参考系一直具有优越地位的原因。然而，狭义相对论的出现让惯性参考系很难被定义。这是因为狭义相对论推翻了牛顿的绝对时空观，而绝对时空观定义了惯性参考系。

爱因斯坦认为既然我们定义不了惯性参考系，那为什么我们不可以尝试抛弃它呢？说到底，我们之所以要定义惯性参考系，就是为了体现相对性原理。惯性参考系本身并不重要，更重要的反而是相对性原理。于是爱因斯坦就尝试把相对性原理推广至所有参考系，其中包括惯性参考系、加速参考系和引力参考系。这个推广后的相对性原理也被称为广义相对性原理。

然而，这一举动面临着一个巨大的挑战，那就是我们应该如何处理非惯性参考系中的惯性力？其实爱因斯坦在很早之前就已经意识到惯性力存在的两个问题了。首先，惯性力不遵从牛顿第三定律，也就是惯性力并没有反作用力，这使得惯性力与其他的力有点不同。其次，其他的力都起源于物质之间的相互作用，但是惯性力的起源是个谜。那么，我们应该如何解决这两个问题呢？

马赫原理

之前提到了加速运动是绝对的，进行加速运动的观测者一定会受到惯性力，而牛顿水桶实验也证明了加速运动是绝对的。然而，奥地利物理学家恩斯特·马赫提出了马赫原理，他认为加速运动也是相对的。马赫是这样解释牛顿水桶实验的：水随着水桶旋转，导致了水面的凹陷，但也可以认为是整个宇宙的物质围绕着静止的水旋转，导致了水面的凹陷。

马赫认为局部的物理定律是由宇宙的大尺度结构决定的，所有运动都是相对的。马赫原理同时解决了惯性力的反作用力以及惯性力的起源这两个问题。第一，宇宙中所有的物质给水桶里的水提供了作用力（惯性力），而水给这些物质提供了反作用力。第二，惯性力起源于宇宙中所有的物质对某个物体施加的作用力。我们暂且不论这个马赫原理是否正确，不过，马赫原理实实在在地启发了爱因斯坦，为后来的广义相对论打下了基础。

受到马赫原理的启发，爱因斯坦认为引力和惯性力从某种程度上非常相似。首先，所有的惯性力都与质量成正比，而引力也是如此。其次，按照马赫的说法，惯性力起源于物质之间的相互作用，而引力也是如此。因此，爱因斯坦认为惯性质量等于引力质量绝非偶然。于是爱因斯坦提出了著名的思想实验，即我们无法判断自己处在以下哪种情况：第一，火箭在无引力场的太空中以加速度 g 运动。第二，静止的火箭在一个引力场强度为 g 的星球表面。第一种情况是由惯性力主导的，而第二种情况是由引力主导的。从某种意义上来说，我们可以认为地球就像火箭一样，以加速度 g 向“上”运动，在地面的我们会感受到地球“加速”时的“推背感”，而这就是我们所熟悉的引力。这似乎意味着惯性力和引力是不能被区分的。

当然，由于引力会导致潮汐力而惯性力不会导致潮汐力，所以引力与惯性力还是能被区分的。所以爱因斯坦提出的这个强等效原理是一个局域性定理，仅在无穷小的时空点上有效而已。不过，这总算解释了为什么引力质量等于惯性质量，也解释了为什么不同质量的物体的自由落体速度是相同的。不仅如此，强等效原理还预测了光会受到引力的影响。在强等效原理的基础上，爱因斯坦大胆猜测引力可能是一种几何效应。引力与其他力非常不一样，这是因为质量对于引力

强等效原理

而言“不太重要”。当然，质量能决定时空的几何形状，也就是物质的存在会导致时空的弯曲。

弯曲的时空究竟是怎样的

时空弯曲又是什么意思呢？在平直的时空中，如果物体没有受到引力作用，那么物体就会在时间维度沿着直线运动。如果这个物体受到了引力作用，那么物体就会坠落，同时在时间和空间维度运动，并在时空图上描绘出弯曲的轨迹。这里不难看出，在时间维度沿直线运动的物体是静止的，而做自由落体运动的物体在时间和空间维度沿弯曲轨迹运动。

有意思的地方来了。如果背后的时空坐标弯曲了，那么静止的物体会沿着弯曲的时空坐标运动，也就是正在沿着时间维度走直线。但是由于时空是弯曲的，导致了物体在时空中的轨迹是弯曲的。这意味着静止的物体会受到引力并发生自由落体运动。虽然物体在三维空间中的加速度是 g，但是它在四维时空中的加速度是 0。同样，物体在三维空间中受到了力，也就是我们所谓的引力，但是物体在四维时空中受到的力是 0。因此，自由落体运动才是最自然的运动，这像是四维版本的牛顿第一定律。当然，实际情况比大家想象中的复杂多了，这里的描述只是为了让大家容易理解。从某种意义上来说，我们可以认为爱因斯坦通过几何变换把引力消除了。

圆柱体与球体的表面都是弯曲的，它们之间会有什么本质上

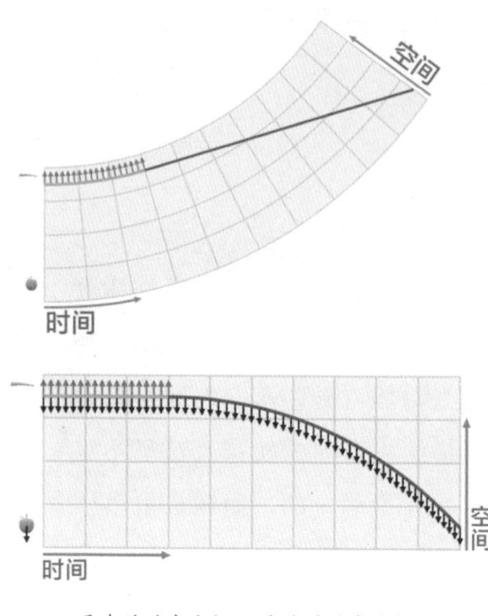

平直的时空坐标 vs 弯曲的时空坐标

的区别呢？令人意外的是，虽然两者的表面都是弯曲的，但是圆柱体的固有曲率为0，而球体的固有曲率不为0。这其实非常好理解。展开圆柱体，我们能够得到平面，展开球体后得不到平面。所以球体的表面弯曲是内蕴的，而圆柱体的表面弯曲并不是内蕴的。从某种程度上，你可以认为圆柱体表面是“假弯曲”，而球体表面是“真弯曲”。

因此，我们可以从两个不同的角度来看待几何体，研究内蕴几何才能知道几何体表面的根本属性。圆柱体的表面可以用欧几里得几何看待，其满足五条公理（公设）：第一，任何点都可以和其他的任何点连成直线。第二，任何一条直线都可以向两端无限延长。第三，以任何一点为中心，可以用任何半径画出一个圆。第四，所有直角都相等。第五，两条直线和一条直线相交时，如果同一边的内角和比两个直角小，那么两条直线在那一边继续延长时，一定会相交。

不过，球体表面并不遵从欧几里得几何，不完全满足这五条公理。举个例子，球体表面的“平行线”是相交的。我们需要用黎曼几何计算球面上两个点之间的距离，不同的几何有不同的度量和张量用来计算两点之间的距离，但是广义相对论里的时空几何并不是黎曼几何，而是伪黎曼几何。那么伪黎曼几何是什么样呢？用专业的术语来说，伪黎曼流形的每个切空间都是伪欧几里得空间，而这个伪欧几里得空间在前面就已经提到过了，就是闵可夫斯基空间。这又是什么意思呢？让我举个例子。地球是弯曲的，但是我们观测到的局部空间是近似平直的。黎曼流形的每个切空间都是欧几里得向量空间，同样，伪黎曼流形的每个切空间都是伪欧几里得向量空间，这意味着在广义相对论的时空中，一个点附近就是狭义相对论的时空。

引力是一种几何效应

有意思的地方来了，为什么引力是一种几何效应呢？如果有两只蚂蚁在地球上保持一定的距离并沿着“直线”行走，它们会发现彼此越来越靠近，所以它们会认为存在某种力导致了它们互相靠近。但实际上力并不存在，这只是一种几何效应，是一种假想力。这里你可以发现一个非常有趣的点，如果它们站着不动，那么假想力就不存在了，只有在弯曲空间行走时才能感受到假想力。也就是说，这种假想力有两个触发条件：第一，空间必须是弯曲的。第二，它们必须在空间中运动。那么引力是否也是如此呢？千万别忘了，我们身在四维时空中，就算我们在空间中不动，我们也会在时间这个维度上运动，这其实就是引力的触发条件之一。让我们重新捋一捋引力产生的机制：第一，时空是弯曲的。第二，我们在时空中以光速运动。这两个事实导致了我们“坠落”，感受到了所谓的引力，但实际上引力只是几何效应。

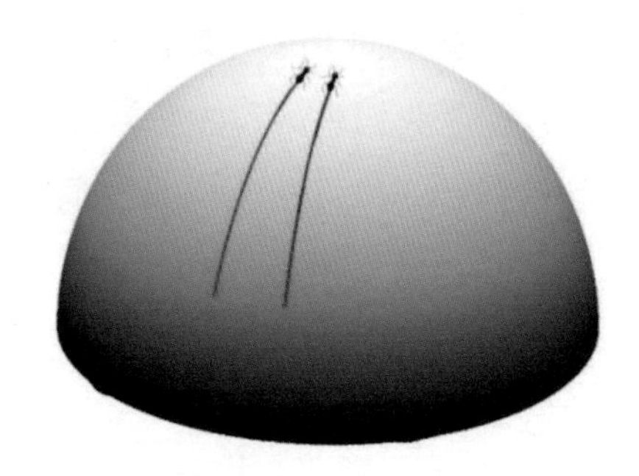

力的几何效应

许多物理学家把广义相对论当成一个数学模型，仅仅用于提供另一种方法来描述引力。牛顿的万有引力定律确实存在问题，但是修改一下不就行了吗？目前学术界也有不少人干这种事，而且获得了非常不错的成果。广义相对论能预言的东西，被修改后的万有引力定律也同样可以做到。如果这两个描述引力的模型可以是等价的，那为什么我们会认为广义相对论已经完胜万有引力定律了呢？

其实，要证明广义相对论是正确的，最关键性的证据之一就是 2015 年探测到的引力波，万有引力定律再修改也预言不了这种现象。此外，虽然前面提到的马赫原理及其带来的惯性力是否超光速等问题至今存在争议，但是参考系拖曳这一现象也算是间接证明了马赫原理，这也是万有引力定律做不到的。

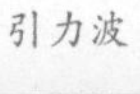

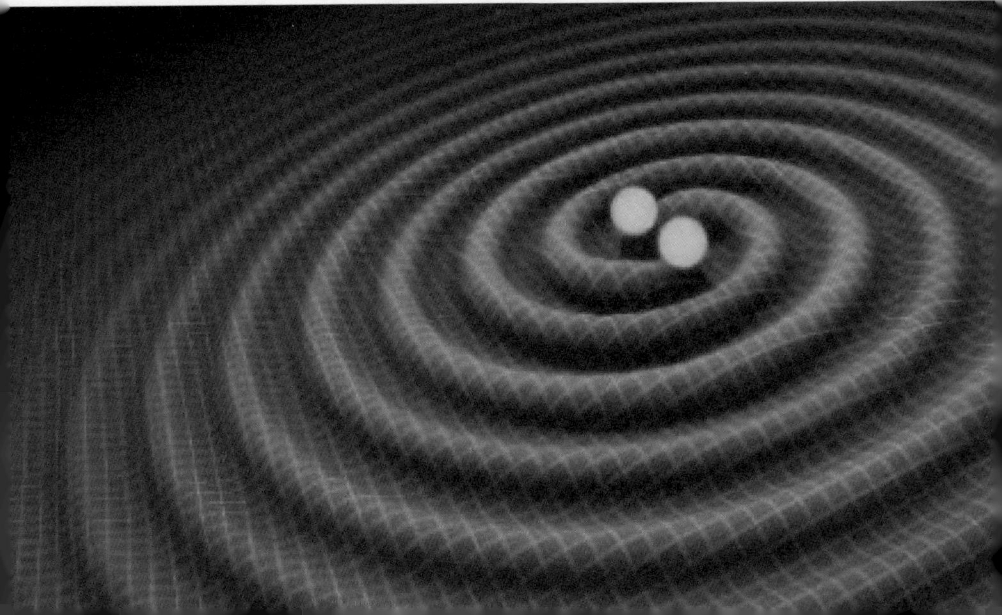

电与磁的统一

早在1820年，丹麦物理学家汉斯·奥斯特就发现了载流导线会改变磁针方向。他的实验得出了电流能产生磁场这个结论，这意味着看似毫不相干的电与磁存在某种联系。但仔细想想，电流的本质就是自由电子的定向运动。如果运动是相对的，那么磁也是相对的。也就是说，肯定存在认为磁场不存在的观测者。所以磁力或许是个幻觉。可是看着一块那么真实的磁铁，我们真的能质疑磁的存在性吗？所以本节将会分为两个部分，第一个部分会从相对论的角度讨论磁的相对性问题，第二个部分会从粒子物理的角度讨论磁的起源，并且为大家深度解析磁的本质。

磁铁

磁的相对性问题

要想理解磁的本质，我们必须先了解物理中的“绝对”和“相对”这两个词是什么意思。用最通俗的话来说，绝对是指所有观测者都一致认同。举个例子，假设这里有一个 50kg 的物体，如果所有观测者都一致认同这个物体的质量是 50kg，那么质量是绝对的。

相反，相对是指并非所有观测者都一致认同。举个例子，现在的你认为自己是静止的，时速是 0。但在外太空的观测者认为你正在围绕着太阳公转，时速是 100 000km。由于两位观测者有着不同的观测结论，所以运动是相对的。这里必须强调一点，每位观测者的结论都是正确的，并没有对错之分。

好了，既然大家都明白了“绝对”和“相对”这两个词是什么意思，那么我们就可以讨论磁的相对性问题了。假设我们有一根通电导线，这根导线里的电子以速度 v 运动，产生了非常强的磁场。对于静止的观测者而言，这根导线产生了磁场。如果另一位观测者以速度 v 朝着电子运动的方向运动，电子在他的眼中是静止

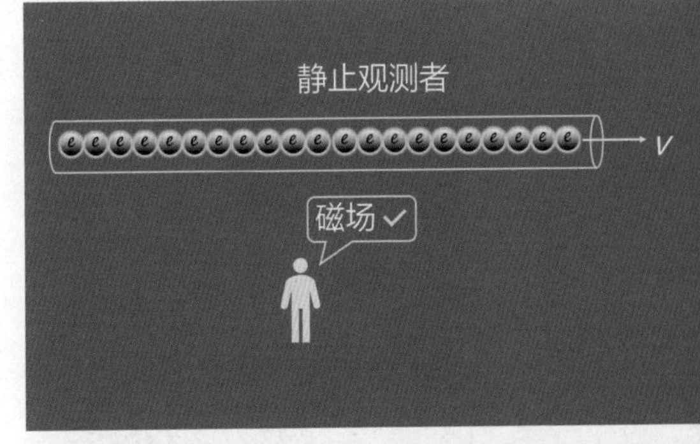

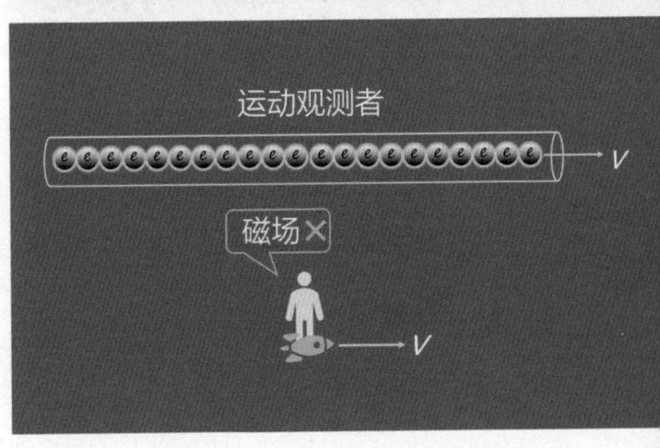

磁的相对性

的，而静止的电子不会产生磁场，所以运动中的观测者认为这根导线并没有产生磁场。那么问题来了，一位观测者认为导线产生了磁场，磁场存在，另外一位观测者认为导线并没有产生磁场，磁场不存在，两位观测者有着不同的观测结论，我们应该如何解释这种现象呢？

磁现象里的钟慢尺缩效应

要想解释磁的相对性问题，我们就必须先接受狭义相对论里的钟慢尺缩的物理效应。用最通俗的话来说，钟慢效应又名时间膨胀，是指运动中的物体的时间走得更慢，尺缩效应又名长度收缩，是指运动中的物体的长度会缩短。当然，这些现象已经由实验证实了。

回到正题，假设我们有两个电子，它们以 0.1 倍光速平行运动。通过计算，静止观测者得出电子之间的电力是 100N，磁力是 -1N，所以电磁力一共是 99N。另一位以 0.1 倍光速运动的观测者认为电子是静止的，所以运动观测者得出的磁力是 0，但电力同样是 100N，所以电磁力一共是 100N。静止观测者得出的电磁力是 99N 而运动观测者得出的电磁力是 100N，这意味着运动中的观测者得出的电磁力比较大。这合理吗？我们应该如何解释这种现象？

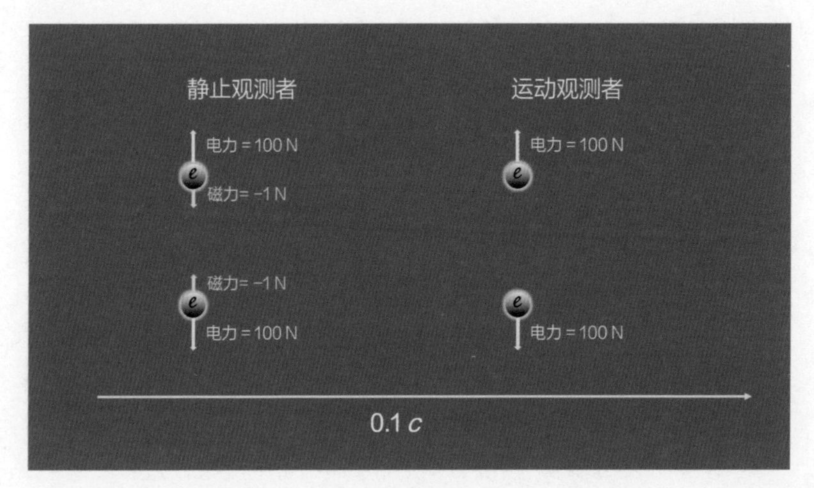

磁的相对性

根据经典电磁学，静止电子的电场是各向同性的，电子的电场呈球状扩散。但是运动电子的电场不是各向同性的，这是因为运动中的电子会发生尺缩，导致了电子的电场也会发生尺缩。这意味着垂直于运动方向的电场会增强。

按照尺缩效应，静止观测者与运动观测者不应该得出相同的电力。这是因为静止观测者会看见已尺缩的电场，电场线比较集中，所以静止观测者得出的电力理应大于运动观测者。重新计算，静止观测者得出的电力变为 101N，所以静止观测者和运动观测者得出的电磁力同样是 100N。这里不难看出，不仅磁是相对的，电也是相对的，不同的观测者对电与磁有着不同的观测结论。但值得庆幸的是，电磁力是绝对的，不同的观测者认为同一个系统的电磁力大小一致。

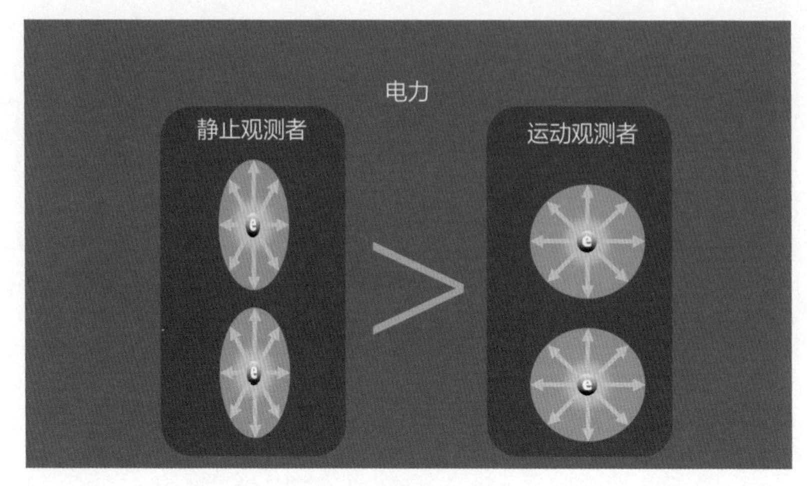

尺缩效应

小贴士

在电动力学里，洛伦兹力是运动于磁场中的带电粒子所感受到的作用力，洛伦兹力是因荷兰物理学家亨德里克·洛伦兹而得名的。

四维电磁力

对电磁力相对性问题的另一种解释，要用到四维电磁力的概念。“四维”这个词有两种截然不同的定义，它可以指四维空间，也可以指四维时空。所谓四维时空是由一维时间和三维空间组成的，四维电磁力的“四维”指的是四维时空。

那么问题来了，什么是四维电磁力？要想理解四维电磁力，大家就必须区分三维物理量和四维物理量，比如，高中物理中的动量属于三维物理量，而四维动量是由能量和三维动量组成的。在狭义相对论里，三维动量是不守恒的，只有四维动量才严格守恒。此外，三维速度是相对的，三维速度在不同的参考系中是不同的，但是四维速度是绝对的，在不同的参考系中是相同的，四维速度的大小永远是光速 c。

因此，有非常多的物理量被四维化了，其中也包括电磁力。但是这里必须强调一点，在物理上，只有三维物理量是可测的，四维物理量是不可测的。不过，四维物理量有着非常重要的意义，这是因为所有观测者都认为四维物理量的大小一致。用比较专业的术语来说，如果某个四维物理量满足洛伦兹协变性，那么它的大小在每个参考系中都是相同的。

回到正题，此前计算的电磁力属于三维电磁力。三维电磁力是相对的，在不同参考系中是不同的。但被四维化的电磁力是绝对的，在不同参考系中是相同的，这意味着，我们之前用尺缩效应得出的结论依旧是正确的。也可以说，虽然电与磁是相对的，但是电磁场作为一个整体是绝对的。

当然，前提是我们必须像爱因斯坦一样，以全新的四维时空观来审视整个宇宙。此外，电磁场本身不是可观测量，电磁场是否存在只能从带电粒子的轨迹推断出来。现今的物理学要求所有观测者一致认同粒子的轨迹，如果一位观测者看见两个粒子发生碰撞，那么所有观测者必须得出相同的结论。所以我们可以得出两个结论：第一，所有观测者必须认为同一系统的四维电磁力大小一致。第二，所有观测者必须认为同一粒子的运动轨迹一致。这意味着磁的相对性似乎变得没那么重要了，然而事实真的这么简单吗？

为什么电流能产生磁场

实验证明电流能产生磁场，可是为什么电流能产生磁场？如果电流能产生磁场，那么电是比磁更本质的存在吗？

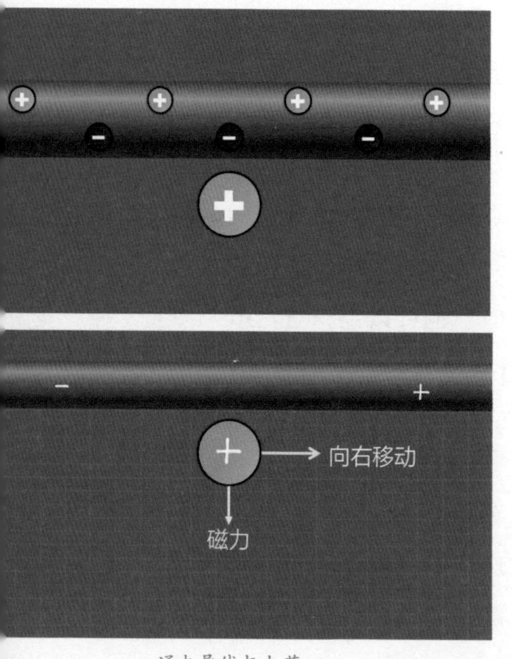

通电导线与电荷

假设我们有一根导线，我们在这根导线周围放置一个静止的正电荷，无论通电与否，静止的正电荷并不会被导线吸引或排斥。所以我们可以得出第一个实验事实，那就是通电导线是电中性的。接下来，在导线未通电的情况下，如果我们让正电荷向右移动，正电荷同样不会被导线吸引或排斥。有趣的地方来了，在导线通电的情况下，如果我们让正电荷朝右移动，正电荷就会被一股神秘力量排斥。所以我们可以得出第二个实验事实，那就是通电导线与运动电荷之间存在某种力。

大家肯定能猜出这种神秘的力就是洛伦兹力。高中物理给出的解释是这样的：电流能产生磁场，运动中的带电粒子在磁场中会受到洛伦兹力。我们可以用右手螺旋定则来判断磁场方向，用左手定则来判断洛伦兹力的方向。然而这个解释依旧存在两个令人困惑的点：第一，为什么电流能产生磁场？第二，为什么运动中的带电粒子在磁场中会受到洛伦兹力？

再说那根导线，我们知道通电导线是电中性的，理想导线里有相同数量的正电荷和负电荷，在导线通电后，导线里的电子会向右移动。由于通电导线也是电中性的，所以通电导线依旧有相同密度的正电荷和负电荷。如果我们让在导线外的正电荷朝着电子运动方向移动，正电荷就会发生偏转。有趣的地方来了，对于正电荷而言，它认为自己和电子是静止的，是导线内的正电荷正在向左移动。

根据狭义相对论，空间是相对的，也就是说运动中的物体会发生尺缩。同样，导线外的正电荷会看见导线内的运动中的正电荷发生尺缩，而这时候正电荷的密度大于负电荷的密度。所以导线外的正电荷认为这根导线是带正电的，结果就是正电荷被带正电的导线排斥。这很好地解释了为什么运动电荷会被通电导线排斥或吸引。

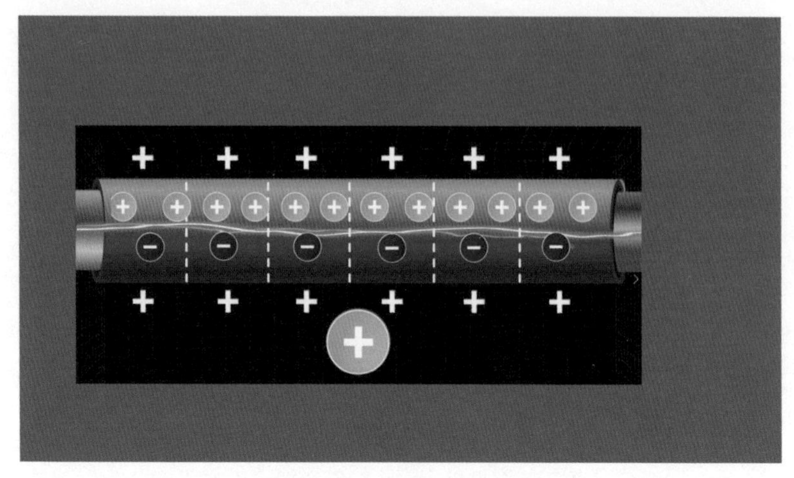

通电导线里的尺缩效应

想必大家注意到了两个非常有意思的点。第一点，我们用了库仑定律和狭义相对论里的尺缩效应来判断带电粒子的偏转方向，而不是右手螺旋定则和左手定则。第二点，也是最重要的一点，站在我们的角度，我们认为导线通过磁场排斥了运动中的正电荷，但是站在正电荷本身的角度，是电荷的密度差导致了自己被导线排斥。在正电荷的眼里，并没有磁这个概念，只有电这个概念。

于是我们可以得到一个结论，磁仅仅是电的相对论效应。或许电是比磁更本质的存在，两者之间并不是平等关系。著名的美国物理学家大卫·格里菲斯在他的书《电动力学导论》里是这样评价磁的：磁是相对论现象，只有电存在，磁才能存在。然而事实真的这么简单吗？磁真的“低电一等”吗？

磁是比电更本质的存在吗

假设我们有一个电子，它在运动时会产生磁场，比如做线性运动、圆周运动时都会产生一定的磁场。用比较专业的术语来说，任何一种动量都会产生磁场，线性动量能产生磁场，轨道角动量能产生磁场，自旋角动量也能产生磁场。

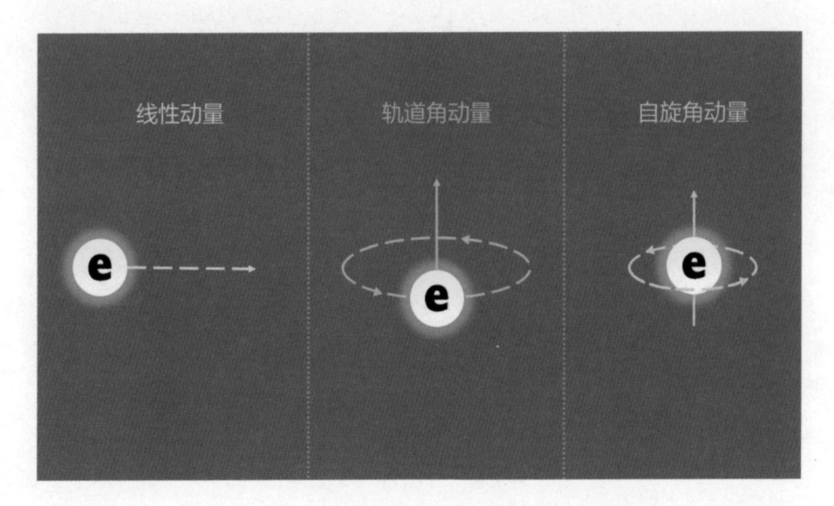

三种动量产生的磁场

1896 年，荷兰物理学家彼得·塞曼发现了原子的光谱线会在外磁场下分裂，这意味着原子本身就像个小磁铁，能与外磁场发生相互作用。而原子的磁场来自电子的轨道角动量，也就是电子围绕着原子核做圆周运动能提供一定的磁矩。

不仅如此，在 1922 年，德国物理学家奥托·施特恩和瓦尔特·格拉赫发现了银原子在外磁场中运动时会发生偏转。理论上，银原子的轨道角动量为0，没有磁矩，不应在外磁场中发生偏转。然而施特恩－格拉赫实验还是发现了银原子经过不均匀的磁场区域时分成了两束。为了解释这种现象，物理学家提出电子会自转并产生磁场，电子本身也像个小磁铁，能与外磁场发生相互作用。

因此，塞曼的实验以及施特恩－格拉赫实验表明了电子的“公转”和“自转”都会产生磁场。这似乎也得出了与前面相同的结论：运动中的带电粒子能产生磁场，磁是电的相对论效应，先有电才有磁，电是比磁更本质的存在。然而事实真的这么简单吗？

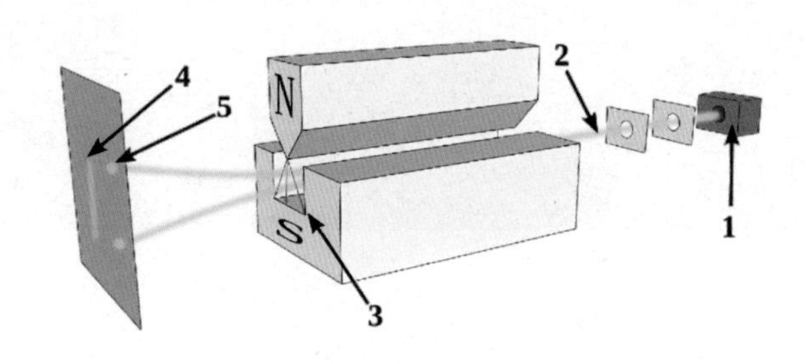

施特恩－格拉赫实验

根据电磁理论，加速的带电粒子会辐射电磁波。同样，围绕着原子核做圆周运动的电子也会辐射电磁波，所以电子会发生能量损耗并坠入原子核。不仅如此，按照实验数据和理论计算，如果电子产生的磁场想达到实验数据的强度，电子自身的理论转速必须超过光速，所以我们陷入了矛盾。第一，如果电子确实在做圆周运动或自转，那么我们应该如何解释电磁辐射以及超光速这两种现象？难道电磁理论和狭义相对论不够完善吗？第二，如果电子并没有做圆周运动或自转，那么我们应该如何解释原子和电子的磁场由来？运动电荷能产生磁场这个结论一开始就是错误的吗？难道磁是比我们想象中更本质的存在？

可惜的是，我们并没有统一的答案。一般来说，物理学家认为轨道角动量和自旋角动量是粒子的量子属性，属于量子效应，不能从经典物理的角度去描述它们。我们只要知道电子有磁矩就行了，不用追问磁矩的起源。这意味着我们对磁的认知变得更加模糊了。

> 小贴士
>
> 自旋是与粒子内禀角动量有关的内禀运动，是粒子所具有的内禀性质，能产生一定的磁场。

不过，这里能为大家提供一个思路：我们需要找出一个不带电但有磁矩的例子。这意味着磁可以独立于电存在，先有电再有磁这个结论将会被推翻。可能这时大家都会想到中子，中子是电中性的，不带电，但是它有磁矩。所以现在我们能认为磁可以独立于电存在吗？不能，这是因为中子并不是基本粒子，中子本身是由三个带电的夸克组成的。夸克有自旋，夸克能产生磁场，所以中子也能产生磁场。

那有没有电中性的基本粒子能产生磁场？还真有。理论上，中微子是电中性的基本粒子，不是由其他基本粒子组成的，但中微子可以拥有磁矩。

不知道大家发现了没有，无论什么关于磁的理论都离不开电，那么磁真的不能独立于电存在吗？这还真的不一定，磁单极子的发现将会改变这一切，当然这又是另一个话题了。

弱相互作用

弱相互作用又称弱力，或许大家对弱力的印象是这样的：弱力是四大基本力之一，其作用就是让物质发生衰变；弱力中宇称不守恒；弱力和电磁力能够统一起来。可是这些真的是弱力的本质吗？

其实，弱力本身存在许多非常难以回答的问题。

第一个问题，衰变是弱力的“特权”吗？其实电磁力和强力也可以让物质发生衰变。难道是弱力的衰变比较特别吗？衰变的本质又是什么？

第二个问题，弱力是力吗？其他三种基本相互作用都可以让物质受到吸引力或者排斥力，那么弱力也能做到吗？如果弱力只能产生衰变，那么力的定义究竟是什么？

第三个问题，弱力与电磁力是如何统一起来的？如果我说电与磁能够统一起来形成电磁力，你或许可以接受，这是因为有很多实验能够证实电与磁存在某种联系。但是如果我说弱力与电磁力可以统一起来，你肯定会感到非常奇怪，因为这两种力看起来毫不相干。但它们真的能统一起来，而且它们是最早统一的两种力。

因此，弱力并没有大家想象中那么简单。本节将会解答以上所有问题，并且为大家深度解析弱力的本质。

衰变的本质到底是什么

要想理解弱力，就必须先了解衰变的本质。假设整个宇宙中有1亿个氢原子，那么100年后，氢原子的数量依旧是1亿个吗？不一定，因为氢原子可以聚变成氦原子，所以宇宙中的氢原子数量并不守恒。那么质子数量守恒吗？100年前质子的数量与100年后质子的数量是相同的吗？也不一定，因为中子会衰变成质子，质子的数量不断增加，所以质子数量也不守恒。

那什么东西才是守恒的呢？可能你会认为有质量守恒定律就够了，比如中子质量比质子质量大了一点点，所以中子衰变成质子时，必定会伴随着其他产物。但按照这个思路，质子质量约为电子质量的1 836倍，那么质子是否能衰变成1 836个电子？当然，我们都知道这不可能发生。我们还需要电荷守恒定律作为衰变的限制条件，避免这种衰变形式的发生。

值得一提的是，由于质能等价关系，我们可以用能量守恒取代质量守恒。能量守恒是比较强的守恒定律，这是因为无质量的光子以及粒子本身的动能都能纳入考量范围之内。所以我们现在拥有两个非常“强大”的守恒定律，也就是能量守恒定律和电荷守恒定律。宇宙中所有的衰变形式必须满足这两个守恒定律。但这就足够了吗？其实守恒定律只能告诉我们哪些衰变不可能发生，但没有告诉我们现实中的粒子如何衰变。举个例子，电中性的中子衰变成大量电中性的中微子，满足能量守恒定律和电荷守恒定律，但是这种衰变形式真的存在吗？并不存在。因此，我们需要更多的守恒定律。

前面提到了，中子会衰变成质子，所以中子的数量是不守恒的。虽然中子的数量是不守恒的，但是中子减少一个，质子就增加一个，中子与质子的组合的数量是守恒的。所以我们就多了一条守恒定律，也就是原子数守恒定律。在粒子标准模型里，我们有一个比原子数守恒定律更好的守恒定律，叫作重子数守恒定律。中子是重子而中微子是轻子，由于中子衰变成中微子违反了重子数守恒定律，所以中子衰变成中微子这种衰变形式不可能存在。

其实给出再多的守恒定律，也是治标不治本的。第一，我们无法确认哪个守恒定律是绝对正确的，有些守恒定律只是近似的守恒定律。第二，守恒定律并没有直接告诉我们粒子如何衰变。因此，我们需要重新认识衰变的本质。从字面上来看，“衰”这个词意味着某些东西减少，一般指的是质量。也就是粒子只能衰变成比自己轻的粒子。而“变”这个词意味着一种粒子变成另一种粒子，这里还有一个隐藏的词，就是“自发”，中子可以自发地衰变成质子。

那么反过来，质子可以变成中子吗？是可以的，但这个衰变过程并不是自发的。这就好比小球从高势能处来到低势能处属于自发过程，但反过来，小球从低势能处达到高势能处并不是自发的，需要额外的能量。过了不久，小球又会回到最低能量态。换句话说，质量大的粒子会自发地衰变成质量小的粒子，所以基本粒子有很多种，但是一般人只知道质子、中子和电子。它们是基本粒子里的低能量态，宇宙中很多其他粒子都会衰变成质子、中子和电子。

那么，为什么宇宙中的中子没有都衰变成质子呢？质子和电子是最低能量态，但中子不是最低能量态啊。有两个原因：第一个原因，中子和质子的质量差异非常小，所以自由中子的寿命比较长，大约 15 分钟。这看似很短，但如果我们拿其他基本粒子来做对比，就会显得中子的寿命非常长。第二个原因，中子在原子核里非常稳定，寿命大约为 5 700 年，束缚中子的寿命比自由中子的寿命更长。从某种意义上来说，原子核是中子的庇护所。如果没有原子核作为中子的庇护所，那么今天的我们或许只能看到清一色的质子和电子了。至于质子和电子是否还会衰变，又是另一个话题了。

回到正题。大家在高中物理中学过三种衰变：α 衰变、β 衰变和 γ 衰变。我们先聊 α 衰变。我们都知道相同电性的质子待在非常小的原子核里，会因库仑力而互相排斥。庆幸的是，强大的强力会克服电磁力，并把质子吸引到一起形成原子核。但是，由于强力是短程力，所以当原子核大到一定的程度时，电磁力比强力还要大。这时候的电磁力起到了主导作用，所以原子核受不了库仑斥力而排斥出一个氦原子核。从某种意义上来说，电磁力与强力能导致物质的衰变，但是这种衰变形式，并没有让一种粒子变成另一种粒子。简单来说，就是 A 衰变成 B 和 C，但是 A 本身就是由 B 和 C“组成”的。举个例子，在 α 衰变中，U-238 通过发射氦原子核形成 Th-234。这种衰变形式比较好理解，因为 U-238 本身就是由 Th-234 和氦原子核“组成”的。

至于 γ 衰变就更简单了。γ 衰变就是处于激发态的原子核以 γ 射线的形式放出能量并回到基态。γ 射线就是光子，光子的释放也意味着 γ 衰变是由电磁力主导的。不过 α 衰变和 γ 衰变并没有给我们太大的惊喜，从某种意义上来说，这些衰变只“衰”不“变”。而弱力主导的 β 衰变就不同了。中子衰变成质子、电子和反电中微子，但这并不代表中子就是由质子、电子和反电中微子“组成”的。

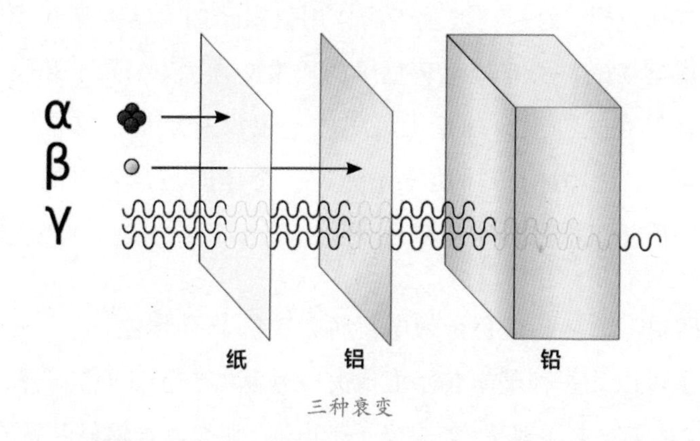

三种衰变

弱力导致衰变的特别之处在于，它能真正地让一种粒子变成另一种粒子，这是电磁力和强力做不到的。然而，就算弱力导致的衰变再特别，也依旧改变不了弱力产生不了吸引和排斥这个事实。所以我们需要重新探讨为什么弱力这么弱，以及弱力算不算一种力。

弱力为什么“弱”

前面我们只关注 β 衰变的开始和结束，却忽略了它的过程。事实上，中子衰变成质子这个过程并没有大家想象中那么直接，这个衰变过程中还存在传递弱力的 W 规范玻色子。什么是规范玻色子？简单来说，四种基本相互作用都有各自的规范玻色子。比如，光子“负责”电磁力，胶子“负责”强力，引力子“负责”引力，而弱力是由 W 和 Z 玻色子“负责”的。

前面提到了“规范玻色子”，著名的希格斯玻色子并不属于规范玻色子，而规范玻色子的作用仅限于四大基本相互作用。根据规范场论，所有规范玻色子的质量必须为 0。光子和胶子都很好地符合这一点，理论上，引力子也没有质量，这是因为实验数据表明引力的传播速度是光速。奇怪的是，弱力的规范玻色子有质量，而且这个质量还不小。

回到正题。W 玻色子带电，而 Z 玻色子不带电，这意味着 W 玻色子可以让一种基本粒子变成另一种基本粒子，而 Z 玻色子不行。这其实非常好理解，如果光子带电荷，那么电子辐射电磁波时，电子自身的电量会减小。当电量减小时，电子就不再是电子了。

我们都知道中子和质子非常相似，在描述强力时，我们甚至可以把质子和中子当成同一种粒子来看待。这是因为中子和质子受到的强力大小几乎一样，从某种意义上来说，质子就是带电的中子，而中子就是不带电的质子。可是它们的电量差异导致了它们不是同一种粒子，两个粒子再相似，如果它们的电性不一样，那么它们也是不同的粒子。相较于其他力的规范玻色子，只有弱力的规范玻色子带电。这解释了为什么只有弱力能把一种粒子变成另一种粒子，而其他力不行。Z 玻色子的吸收和发射顶多能改变粒子的自旋、动量以及能量，并不能改变粒子的种类。

W 玻色子可以把中子变成质子。在 β 衰变中，中子会辐射带电的 W 玻色子并转变为质子，而这个 W 玻色子再衰变成电子和中微子，所以中子能衰变成质子、电子和中微子。那么不带电的玻色子对弱力就没有任何用处了吗？别那么快下定论，后面会聊到 Z 玻色子。

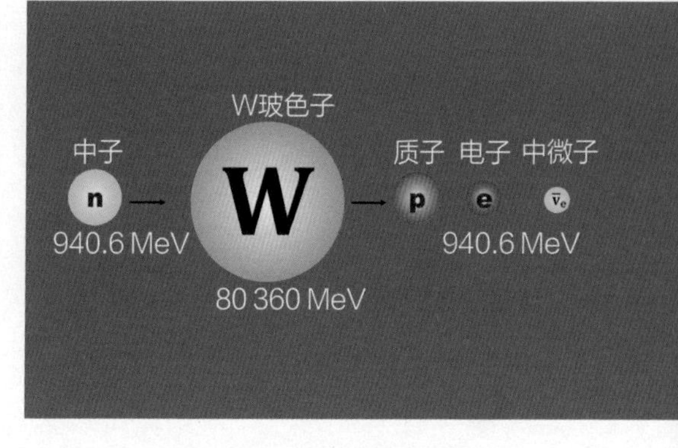

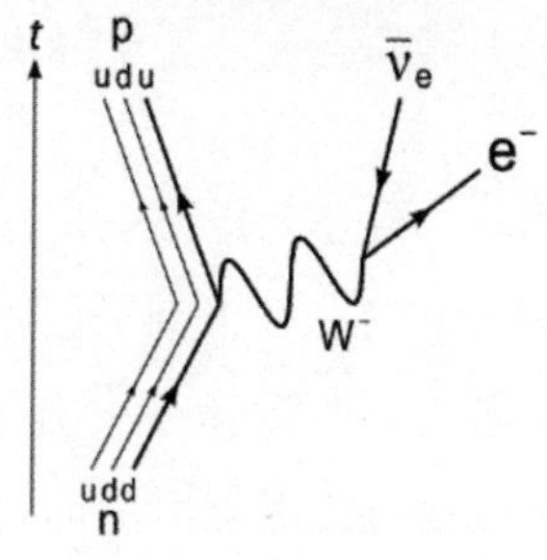

β 衰变（W 玻色子）

回到正题。中子通过 W 玻色子衰变成质子，而不稳定的 W 玻色子又会衰变成其他粒子。但是这里有一个非常大的问题，那就是这个衰变过程违反了能量守恒定律。W 玻色子本身就有质量，而且质量还不小，比中子质量大了 80 多倍。虽然衰变反应之前和之后的能量是守恒的，但是这个过程中的能量会飙升。这好比你在计重秤上做实验，某些化学反应让质量暴增了 80 多倍，再回到正常的状态。

那么问题来了，我们应该如何解释 β 衰变中的能量不守恒？我们可以用能量－时间不确定性原理来解释这种现象。由于 β 衰变过程中存在量子效应，所以非常短暂的能量不守恒是被允许的。从某种意义上来说，这个衰变过程就是从真空中借能量。根据能量－时间不确定性原理，时间越短，能借到的能量就越大。同样，W 玻色子存在的时间越短，能借到的能量就越大。

这其实是一系列连锁反应。由于 W 玻色子有质量，导致 W 玻色子的寿命非常短，寿命短就意味着 W 玻色子只能移动一小段距离，导致了弱力是短程力。不仅如此，由于所有的量子效应都与概率有关，导致了质量越大概率就越小。因此，弱力所主导的衰变能发生的概率非常小，所以弱力非常“弱”。

不过，弱力也不一定弱，在特定的情况下，弱力甚至比强力更强。举个例子，顶夸克的质量非常大，比 W 玻色子的质量还大，所以顶夸克会优先以弱力的形式衰变为底夸克，而不是以强力或电磁力的形式衰变。

弱力算是一种力吗

弱力算是一种力吗？这个问题看似很奇怪，弱相互作用不是四大相互作用之一吗？但是，从另一个角度来看，所有的力都是相互作用，但不是所有的相互作用都是力。

其实弱力的作用距离太短了，我们不能用经典物理中的“力”去想象弱力。不仅如此，弱力并不能像其他力一样创造束缚态。比如强力能把夸克束缚在一起，电磁力能让带电粒子吸引到一起，引力能把物质聚集到一起。这是弱力做不到的，所以用“弱相互作用”这个词可能会更贴切一些。

不过，要想用“弱力”这个词也没有太大的问题。为什么呢？在经典力学中，一颗小球撞击另一颗静止的小球，它们之间会交换动量并迅速弹开。站在宏观视角，物体之间碰撞并交换动量是理所当然的。如果我们从微观层面来看，两颗小球是由无数的原子组成的，而原子的外围是电子云，电子云会互相排斥，所以两颗小球可以交换动量。如果粒子不带电，那么碰撞并交换动量不再是理所当然的了。比如光子不带电，所以两束光交叉时不会发生任何相互作用。

换句话说，只要一个物理过程中存在动量交换，我们就可以认为这个过程中力是存在的。同样，如果弱力能改变粒子的动量，那么弱力就可以算一种力。有实验证明弱力能改变粒子的动量吗？还真的有。这就需要聊聊标准模型中的幽灵粒子——

中微子了。中微子被称为幽灵粒子有三个原因。首先，中微子的质量非常小，所以引力的作用可以忽略不计。其次，中微子不带电，所以中微子不会受到电磁力的影响。第三，中微子属于轻子，不参与强相互作用，所以不会受到强力的影响。这三个原因导致了中微子与其他物质的相互作用非常微弱，捕捉中微子是一件极其困难的事情。即使现在有 100 万亿个中微子穿过你的身体，你也感觉不到它们的存在。

然而，在 1973 年，物理学家在加尔加梅勒气泡室中探测到了中微子。物理学家发现中微子撞击电子并改变了电子的轨迹。理论上，中微子并不能通过引力、电磁力或者强力来影响电子的轨迹，所以唯一的可能性就是中微子通过弱力改变了电子的轨迹，也就是中微子通过 Z 玻色子改变了电子的轨迹，这意味着电子受到了弱力的作用。这样看来，弱力确实算是一种力。

探测中微子

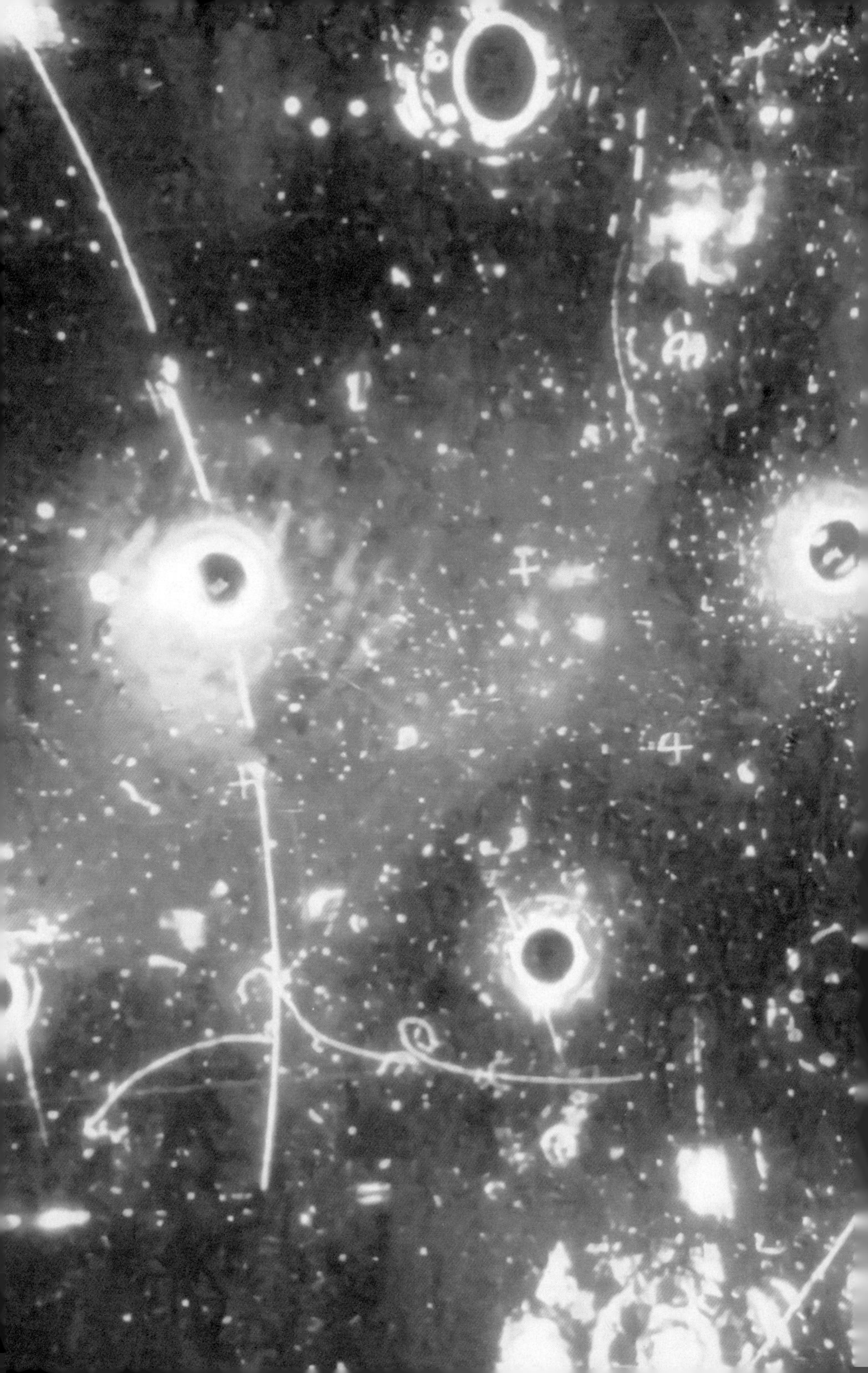

质量与自由度之间的关系

弱力之所以这么弱，“罪魁祸首”在于传递弱力的规范玻色子具有质量。然而，根据规范场论，所有参与相互作用的规范玻色子的质量必须是0。“负责”电磁力的光子、“负责”强力的胶子以及“负责”引力的引力子都很好地符合这一点。然而，“负责”弱力的规范玻色子有质量，而且质量还不小，比中子质量大了80多倍。

我们都知道电子的质量非常小，但是就算电子质量是1kg，物理学家也只能把它当成一个实验事实。可是物理学家完全不能接受弱力对应的规范玻色子有质量，他们认为弱力对应的规范玻色子必须像光子和胶子一样质量是0。

可能这时候大家就产生了两个疑问。第一，为什么规范玻色子的质量必须为0？第二，W和Z玻色子究竟是通过什么机制获得质量的？第一个问题比较难回答，因为其涉及非常高深的数学知识。不过，用最简单的话来说，有质量的规范玻色子会打破规范对称性，所以规范玻色子的质量必须是0。关于什么是规范对称性可以参考“对光的十层理解”一节，至少这里可以为大家解答第二个疑问——W和Z玻色子究竟是通过什么机制获得质量的。

在聊传递弱力的规范玻色子如何获得质量之前，我想跟大家聊聊质量与自由度之间的关系。大家都知道光的偏振吧？偏振方向就是电磁波的电场方向。而偏振方向与电磁波的传播方向是互相垂直的。光的偏振有两个自由度，也就是垂直偏振和水平偏振，这两种基本偏振的组合足以构建任意一种偏振，比如垂直偏振与水平偏振能组合成圆偏振。

假设光子有质量，那么理论上我们可以让光子停下来，然后朝着偏振方向运动，那么光子就有了第三种偏振或第三个自由度。当然这在现实中是不可能的，这是因为麦克斯韦方程组只允许偏振方向垂直于光的传播方向。不仅如此，我们不可能让无质量的光子停下来。这是因为无质量的粒子只能以光速传播。此外，假设我们有一个自旋为 1、有质量的粒子，那么它就有三种自旋态：+1、0 和 -1。

我们都知道光子的自旋也是 1，可是它只有两种自旋态，也就是 +1 和 -1。从这里不难看出，如果规范玻色子没有质量，那么它的自由度只有两个；如果规范玻色子有质量，那么它的自由度就有三个。我们都知道弱力对应的规范玻色子有质量，这意味着弱力对应的规范玻色子比其他的规范玻色子多了一个自由度。所以肯定存在某些机制赋予了弱力对应的规范玻色子额外的自由度，导致其获得了质量。

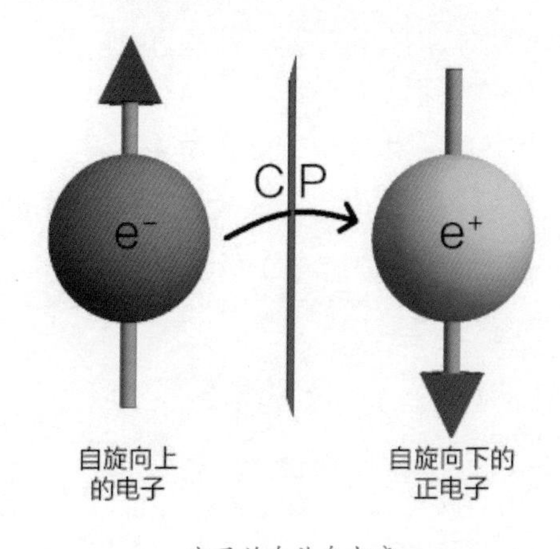

电子的自旋自由度

那么问题来了，究竟是什么机制让弱力对应的规范玻色子获得了额外的自由度呢？答案是希格斯机制。之前就提到了，我们的宇宙中充满了量子场，量子场的激发态就是粒子。同样，希格斯场也是量子场，但是希格斯场有自发对称性破缺，所以与其他量子场有点不一样。即使在真空中，希格斯场的场值也不是0，而是有一定的数值。希格斯场的势能就像墨西哥草帽，而希格斯场提供了两种振荡模式，上下振荡模式对应的是有质量的希格斯玻色子，围绕着能量场做圆周运动的振荡模式对应的是无质量的戈德斯通玻色子。

那么问题来了，为什么我们只观测到希格斯玻色子却没有观测到戈德斯通玻色子呢？答案就是弱力的规范玻色子“吃”了戈德斯通玻色子，让弱力对应的规范玻色子从戈德斯通玻色子那里获得了额外的自由度，同时获得了质量。无论是希格斯玻色子还是戈德斯通玻色子，自旋都是0，这恰好就是弱力对应的规范玻色子获得的额外自旋态。

小贴士

南部－戈德斯通定理指连续对称性自发破缺后必存在零质量玻色子这一理论，此玻色子被称为戈德斯通玻色子（或称南部－戈德斯通玻色子）。

电弱统一

最后一个关于弱力的问题是，弱力与电磁力看起来是完全不同的东西，为什么它们能统一起来？不知道大家是否注意到了光子和强子不带电荷，甚至假想的引力子也不带电荷。但是弱力对应的 W 玻色子带电荷。从某种意义上来说，由于电荷是电磁力的来源，所以弱力中掺杂了电磁力。不仅如此，光子不带电，与 Z 玻色子非常相似，它们之间肯定存在某种联系，这其实意味着弱力与电磁力有机会统一起来。前面提到过，由于弱力对应的规范玻色子有质量，所以弱力并不满足规范对称性。要想让弱力满足规范对称性，就必须把电磁力引进来。

电弱统一的理论框架就满足规范对称性。电弱统一理论预言有四个规范玻色子：B、W1、W2 和 W3 玻色子，它们都是无质量的规范玻色子。由于希格斯场的自发对称性破缺，B 玻色子和 W3 玻色子混合在一起，形成光子和 Z 玻色子，而 W1 和 W2 玻色子也混合在一起，形成 W 玻色子，它们是通过温伯格角混合在一起的。之后的故事大家也知道了，W 玻色子和 Z 玻色子各自“吃”了三个戈德斯通玻色子，并获得了质量。光子没“吃”到戈德斯通玻色子，所以光子的质量是 0。

按照同样的逻辑，光子也可以通过希格斯机制获得质量。比如在超导现象里，超导体的电阻为 0，这就意味着超导体导电时不会有任何能量损耗。一般来说，能量损耗的形式有两种，第一种就是电子撞击原子发生热损耗，第二种就是振荡的电子会辐射电磁波而发生光损耗。超导体不会发生热损耗，可以由BCS理论解释。超导体不会发生光损耗，可以由希格斯机制解释。

两个电子会互相排斥，但在超低温的情况下，两个电子可以合在一起形成库珀对。这个库珀对能通过某些机制避免热损耗，这里不讨论其中的机制，只谈谈为什么超导体不会发生光损耗。一个电子是费米子，一对电子则是玻色子。如果两个电子自旋的方向相反，那么库珀对就能形成自旋为0的标量场。很多库珀对可以形成类似希格斯场的标量场，属于凝聚态物质。光子可以从这个玻色场中“获得”质量，当光子“有质量”时，光辐射就不会发生了，或者发生的概率极小，就像弱力一样。

强相互作用

自从中子在1932年被查德威克发现后，物理学家就一直被一个问题所困扰，那就是为什么互相排斥的质子能待在那么小的原子核里？为了解释这个问题，日本物理学家汤川秀树在1934年提出了一种全新的相互作用，也叫作强相互作用或者强力。汤川认为质子是被强力吸引到一起的，由于强力能克服质子之间的电磁力，所以强力比电磁力更强。

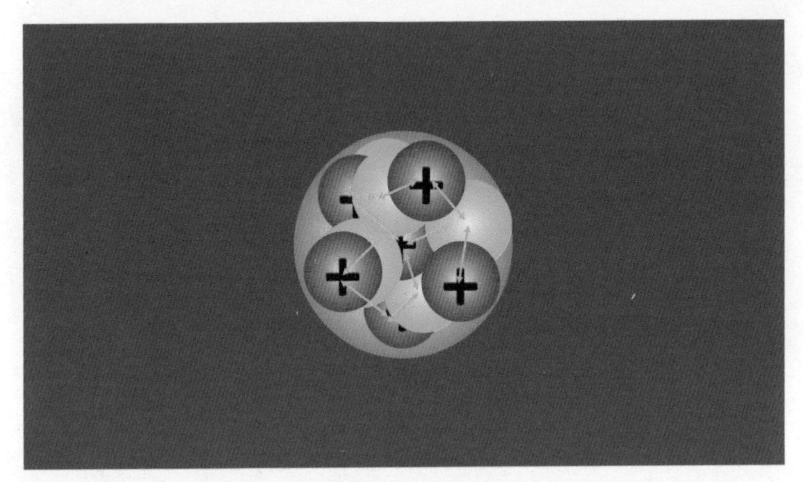

原子核的内部结构

不过新的问题又来了，我们都知道任何一种力都是由粒子传递的，比如电磁力是靠虚光子传递的，弱力是靠W和Z玻色子传递的，那么强力是靠什么传递的呢？汤川认为强力是靠一种质量比电子大了200倍的粒子传递的，他预言了介子这种新粒子的存在。1947 年，英国物理学家塞西尔・鲍威尔在宇宙射线中发现了汤川所预言的介子。

然而，从 1950 年开始，粒子物理迎来了爆炸式的成长。这是因为高能粒子加速器和对撞机的建立让物理学家更容易发现新粒子。物理学家在实验中发现了约 200 种未知粒子，比如 K 粒子、ρ 粒子、η 粒子、Δ 粒子、Λ 粒子、Ξ 粒子、Ω 粒子，等等。这些新发现的粒子都属于强子，也就是它们都能参与强相互作用。然而，发现新粒子的物理学家并没有大家想象中那么高兴，这是因为卢瑟福原子模型中的基本粒子只有三种，而现在的基本粒子却有约 200 种。

这对于喜欢化繁为简的物理学家而言可不是什么好事。随后泡利惊叹道："如果早知道会这样，我就应该从事植物学研究了。"而费米则感叹道："如果我能记住所有粒子的名字，那我就能成为一名植物学家了。"当时的物理学家认为那么多粒子不可能都是基本粒子，一定有一种化繁为简的方法。因此，物理学家急需一套新理论来对这些新发现的粒子进行分类。

直到 1964 年，来自美国的物理学家默里・盖尔曼提出了夸克模型，这些新粒子才能被正确地分类。夸克有六种，它们分别是上夸克、下夸克、粲夸克、奇夸克、顶夸克和底夸克。盖尔曼提出所有的强子都是由夸克组成的，两个夸克能组成介子，三个夸克能组成重子。这意味着新发现的约 200 种强子都不是基本粒子，而是复合粒子。这也意味着质子和中子并不是基本粒子，而是由更基本的夸克组成的。

不过新的问题又来了，如果相同电性的夸克之间存在斥力，那又是什么力把夸克聚集在那么小的质子里的呢？所以这时候的物理学家明确地把强力分为两种，让夸克吸引到一起的强力被称为“色力”，让质子和中子吸引到一起的强力被称为“强核力”，这个强核力也可以被称为“残余强相互作用”。让我来为大家解释这些名字是怎么回事。

首先，为什么夸克之间的吸引力被称为“色力”？每一种力都有一个相关的指标来指示粒子参与该力的程度，指标越大，参与度就越大。质量用来衡量一个物体参与引力的程度，物体的质量越大，引力就越大。电磁力的指标是电量，电量越大，电磁力就越大。同样，强力也有一个指标来指示粒子参与强力的程度，这个指标就是“色荷”。我们都知道电荷有两种：正电荷与负电荷。带正电与带负电的粒子会互相吸引，而带相同电性的粒子会互相排斥。这种现象也被称为“同性相斥，异性相吸”。当然，这个“正”与“负”是人为定义的，我们把“正”与“负”换成“A”与“B”也是可以的：字母相同的粒子会互相排斥而字母不同的粒子会互相吸引。

夸克有三种色荷，物理学家把这三种色荷定义为“红”“绿”“蓝”。同样，这个定义并不代表自然界存在红色的夸克、绿色的夸克或者蓝色的夸克，而只是为了方便物理学家引入“同性相斥，异性相吸”这个理念。比如，红色的夸克与红色的夸克之间会存在互相排斥的强力，而红色的夸克与蓝色的夸克之间存在互相吸引的强力。其实电磁力与强力有异曲同工之妙，只不过强力比电磁力多了一种“荷”。所以，夸克之间的强力也可以被称为色力。

那么残余强相互作用是什么呢？顾名思义，残余强相互作用就是色力剩余的力。当强力把质子内的夸克吸引到一起时，还有剩余的力把质子和中子吸引到一起。传递强力的胶子能形成 π 介子和 ρ 介子，而这些介子能把质子和中子吸引到一起，形成我们熟悉的原子核。一般情况下，我们所说的“强力”就是夸克之间的吸引力，而“强核力”就是重子之间的吸引力。强力与化学键非常相似，比如原子核与电子之间存在非常大的库仑吸引力，而剩余的电磁力则变成范德瓦耳斯力，为中性原子提供吸引力。

那么问题又来了，夸克模型是正确的吗？自从盖尔曼预言夸克的存在后，许多物理学家开始寻找夸克。物理学家尝试用粒子加速器轰击质子来寻找夸克。1968 年，美国的斯坦福线性加速器中心（现名 SLAC 国家加速器实验室）进行了一场深度非弹性散射实验。他们轰击质子后发现质子含有比自己小得多的带电的点状物，因此质子并非基本粒子。不过，物理学家发现夸克并不能被单独分离出来，所以有许多物理学家质疑夸克模型，其中也包括费曼。这意味着夸克被禁闭在质子里出不来，这种现象也被物理学家称为夸克禁闭。

1973 年，美国物理学家戴维·格罗斯、弗朗克·维尔切克以及戴维·普利策给出了夸克禁闭的解释。根据他们的解释，其他力是随着距离增加而减小的，也就是说距离越远，力就越小，而强力恰好相反，强力是随着距离增加而增大的，也就是说两个夸克之间的距离越远，它们之间的强力就越大。这种现象被物理学家称为渐近自由，这三位物理学家也因此获得了 2004 年的诺贝尔物理学奖。

但问题又来了，为什么会发生渐近自由呢？其实强力的特殊之处在于它的传递粒子有色荷，导致了强力是非线性的。什么意思呢？举个例子，传递电磁力的光子是不带电荷的，传递引力的引力子是不带质量的，所以电磁力和引力的作用是线性的，我们可以用简单的平方反比公式来描述电磁力和引力。

而强力就不同了，胶子本身带电荷，这就导致了强力的作用是非线性的。你可以将其理解为夸克之间被一个弹簧连接着，两个夸克之间的距离越远，夸克受到的“弹簧力”就越大，直到这个弹簧断裂。这就是距离越远强力就越大的原因。然而这是有代价的，我们都知道无质量的规范玻色子会导致其相互作用变成长程力，比如零质量的光子导致了电磁力是长程力，零质量的引力子导致了引力是长程力，而弱力的规范玻色子不为零导致了弱力是短程力。虽然胶子的质量为零，但强力属于短程力，只在原子核或质子之内有效。

四力统一的追求

想必大家都有这样的疑问：为什么物理学家一直在追求统一四大基本力？为什么他们认为人类能把所有的力统一到一起呢？前面我已经为大家科普了电弱统一，也就是弱力和电磁力是通过非常抽象的规范对称性统一起来的。从这个意义上来说，电磁力与弱力是等价的，所以我们可以暂时把弱力忘掉，现在只需要关注引力、电磁力和强力。这三种基本力可以按照强度来划分：强力第一，电磁力第二，引力第三。

既然这三种力的强度不同，为什么它们可以统一起来呢？可能这时你会认为，不对啊，我们应该考虑力的距离，因为力的强度不光指力的大小，还应该包括大小与距离之间的关系。确实，力的大小是会随着距离的变化而变化的。两个物体之间的距离越小，引力就越大。两个带电粒子之间的距离越小，电磁力就越大。强力则相反，两个夸克之间的距离越小，强力就越小。可能你会认为，在某个尺度下，这三种力的强度是一样的。可是事实真的这么简单吗？本节将会为大家解释物理学家追求的“四力统一”到底是什么。

四大力的强度在互相“靠近”吗

引力和电磁力都遵从平方反比定律，也就是说这两种力变大的速度是相同的。举个例子，当两个物体的距离缩减到一半时，引力和电磁力都会增大为原来的4倍。如果画出引力和电磁力的函数图像，你会发现这两条曲线不会相交，这是因为电磁力本身比引力强，而且这两种力变化的速度是相同的。单单依靠平方反比定律，引力是“追”不上电磁力的。因此，只有让引力遵从立方反比定律甚至四次方反比定律，引力才有机会“追”上电磁力的强度。

接着聊聊强力。虽然强力的强度会逐渐向引力和电磁力“靠近”，但是毕竟“瘦死的骆驼比马大”，强力比引力和电磁力强太多了。因此，我们还需要三个条件来完成这三种力的统一：第一，强力的强度必须随着距离的减小急速下降。第二，电磁力必须“追”上强力的强度。第三，引力必须“追”上电磁力的强度。只有同时满足这三个条件，这三种力才能在某个尺度下统一起来，而这个统一尺度就是普朗克长度。

电磁力的屏蔽效应

如果我们在实验中测量出一个带电粒子的电量是1C，那么它的电量真的是1C吗？不一定。假设这里有两个带电粒子，它们在真空中互相吸引，受到的库仑力是5N。如果我原封不动地把它们放进水中，那么库仑力依旧是5N吗？当然不会！库仑力一定会变小。

这是因为介质是由无数的原子组成的，而原子又是由带正电的原子核和带负电的电子组成的。带电粒子会让介质里的原子发生极化，极化后的原子会产生方向相反的电场，抵消带电粒子本身产生的一部分电场。这意味着在水中的带电粒子所激发的电场更弱。电场越弱，两个带电粒子之间的库仑力就越小。这种现象也被称为屏蔽效应。

从某种意义上来说，我们可以认为带电粒子的电量在水中变小了。当然，带电粒子的电量只是看起来变小了，并不是真的变小了。不过，在这种情况下我们能定义并区分两种电荷。第一种电荷是裸电荷，也就是带电粒子在真空中的电荷。第二种电荷是有效电荷，也就是带电粒子在介质中实际表现出来的电荷。因此，现在的基本粒子的电量都应该在真空中进行测量，只有在真空中，测得的才是裸电荷的电量。可是事实真的这么简单吗？

真空中确实没有原子，没有原子极化这些概念，但前提是真空必须是绝对空的。然而我们早就知道，真空并不空，而真空不空这一事实影响了我们对电量的测量。我们在真空中测量出的电子的电量，并不是电子真正的电量。由于真空中存在屏蔽效应，所以电子的实际电量其实是更“大”的。那么真空是如何影响带电粒子的电量的呢？简单来说，真空中充满了粒子－虚粒子对，一正一负，并在极短的时间里消失。在这极短的时间里，带电粒子会让真空中的粒子和虚粒子发生极化，极化后的粒子－虚粒子对会让带电粒子激发的电场变弱。这种现象也被称为真空极化。

真空屏蔽效应

换句话说，由于存在屏蔽效应，所以我们在真空中所观测到的电量，并不是电子真正的电量，带电粒子实际的电量比我们想象中的更大。这里有一个有意思的点，当我们接近带电粒子时，这个屏蔽效应就消失了。屏蔽效应消失后，我们测量到的电量会突然增大，导致电磁力增大。用比较专业的术语来说，描述电磁力强度的精细结构常数不是常数，而是会随着距离的变化而变化的。当然这些都已经有实验证明了，这种真空极化是真实存在的。总的来说，屏蔽效应导致了电磁力的强度逐渐向强力的强度“靠近”。

强力的反屏蔽效应

接下来聊聊强力的强度如何向引力和电磁力“靠近”。和前面的讨论类似，被强力所主导的夸克也会让真空发生极化，所以强力也存在屏蔽效应。可是与此同时，强力也有反屏蔽效应。为什么强力存在反屏蔽效应呢？其实强力的特殊之处是它的媒介粒子有色荷。其他力没有反屏蔽效应，这是因为传递电磁力的光子没有电荷，传递引力的引力子也没有质量。

由于胶子带色荷，所以强力存在反屏蔽效应，而且这种屏蔽效应大于屏蔽效应。也就是说距离越远，我们所观测到的色荷或者强力就越大。当我们分离两个夸克时，两个夸克之间的强力会变得越来越大，导致我们需要更大的能量来分离两个夸克。

这就是夸克被禁闭在质子和中子里面的原因，而这种现象被称为渐近自由。反过来说，距离越小，我们所观测到的色荷或者强力就越小。到某个非常小的尺度，强力与电磁力的强度会是相同的。总的来说，这个渐进自由把强力从“神坛”上拉了下来，让电磁力与强力拥有了统一的可能性。

引力的真空泡沫

引力是由广义相对论描述的，根据广义相对论，物质告诉时空如何弯曲，而时空告诉物质如何运动，两者之间是相互影响的。前面提到过，量子场不是平滑的，而是有涨落的，但是广义相对论的时空是非常平滑的，没有任何涨落。

目前物理学家正在尝试从量子的角度来描述广义相对论，但并未成功。不过，为了把引力与其他力统一起来，可以假设广义相对论的时空具有量子效应。如果时空有量子效应，那么时空就是有涨落的，这种现象也被称为量子泡沫。根据不确定性原理，位置越精准，动量的不确定性就越大。如果引力也遵从不确定性原理，那么理论上两个粒子之间距离越小，动量不确定性就越大。动量不确定性越大意味着动量越大。动量越大，能量就越大。由于质量与能量等价，所以物体受到的引力就比想象中更大。

四力统一

根据物理学家的推导，如果引力有量子效应，那么引力可以遵从四次方反比定律。如果引力遵从四次方反比定律，那么引力在某个尺度下能追上电磁力的强度。想必大家已经猜到了，这个尺度就是普朗克长度。换句话说，引力和电磁力的强度在普朗克长度下是相同的。这样，真空极化、渐进自由以及量子泡沫能使四大基本力的强度“汇聚”到一个点上。

不过我在这里还需要强调两点。第一点，在不考虑引力的情况下，统一电弱力和强力本身就已经是一个难题了。这是因为量子场论的重整化并没有完全让这三种基本力的耦合常数“汇聚”到一个点上，而是有一点偏差。

第二点，就算之后的超对称理论把这个误差修正了，让它们全部“汇聚”到一个点上，目前也没有任何实验能支持这个大统一理论。理论预测统一的能量约为 10^7J，这些能量大概是一位成年男性在一天内所需摄取的热量。这些能量看似很小，但要想把非常轻的基本粒子加速到这个量级并不是一件容易的事情。根据目前的理论，人类必须有长度大约为 0.1 光年的粒子加速器才能实现这一点。而要想达到普朗克能量就更不现实了，除非人类的粒子加速器的半径达到银河系半径的尺度。

当然，还有不是那么直接的方法，也就是通过实验证明质子会衰变。这是因为大统一理论预测重子数守恒定律会被打破。可惜的是，至今为止，超级神冈探测器依旧没有发现质子会发生衰变，四力统一的希望似乎越来越渺茫了。

小贴士

超级神冈探测器位于飞驒市神冈町的茂住矿山 1 000m 的地下。之所以盖在如此深的地层中，是因为要阻隔其他的宇宙射线。该设施的主要部分是一个高 41.4m、直径 39.3m 的圆柱体不锈钢容器，盛有 50 000t 的 100% 超纯水，其目标是探测质子的衰变、寻找中微子等。

历史上曾出现过许多声称具有预知能力的预言家，他们尝试引导人类摆脱黑暗，走向光明的未来，这些预言家在不同的时代影响了后代的信仰和行为。这不由得让人好奇，人类真的能做到预知未来吗？如果人类不能做到预知未来，是什么东西在限制我们呢？如果人类能做到预知未来，又会带来什么后果呢？本章将会为大家分析人类是否能做到预知未来。

宇宙

预知未来的方法

桌子上有一颗静止的小球，如果这颗小球被推动，那么我们能预测接下来发生的事情，比如这颗小球将会从桌子上坠落。我们甚至能知道这颗小球在推动后第一秒、第二秒、第三秒以及第四秒所在的位置。从某种意义上来说，人类有简单和短暂的预知未来的能力。

不仅如此，动物也同样具备预知未来的能力。举个例子，某些动物可以预知灾难的降临，能在地震和海啸来临之前有意识地往安全的方向奔去。这些现象似乎意味着动物有预知能力。

当然，所谓的预知能力也仅仅是感应能力和计算能力这两种能力的结合。感应能力指的是信息收集能力，比如某些动物对电磁场、温度、气味以及声音特别敏感，这能让它们提前知晓天灾的到来。而计算能力指的是利用某些规则对已知信息进行推演的能力。

用比较专业的术语来说，如果我们知道某个物理系统的初始条件和演化规则，那么我们就能推演该物理系统的演化过程。初始条件指的是粒子所有的基本信息，比如粒子的位置、速度、质量、自旋等。而演化规则指的是使粒子信息发生变化的力，即引力、电磁力、弱力以及强力，这四大基本力主导了整个宇宙的规则，能影响粒子信息的变化。

这里不难看出，如果我们知道粒子的位置、运动速度以及支配该粒子的所有规则，那么我们就能构建该粒子完整的运动轨迹。这个轨迹包含了过去、现在与未来，所以我们能知道该粒子在未来的某个时间点所出现的位置。这也是某种意义上的预知未来。

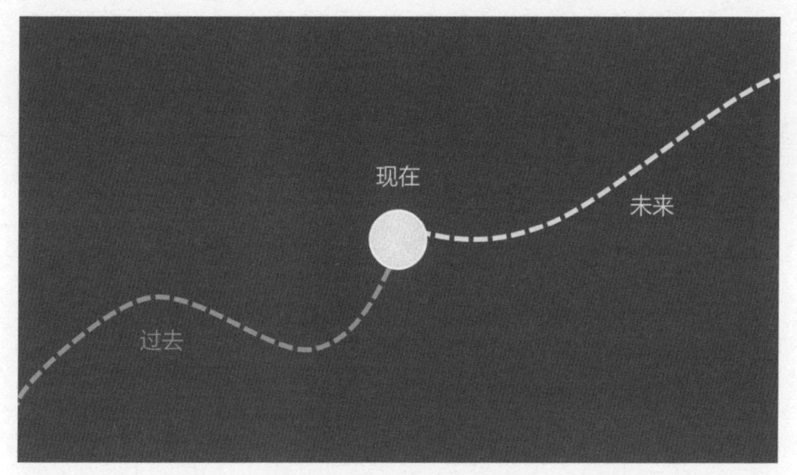

过去、现在与未来的轨迹

有了初始条件和演化规则，我们才能够完整地推演一个物理过程，甚至预测该物理系统的最终宿命。其实这与数学里的函数非常相似，初始条件就像函数的输入值，演化规则就像函数本身，而预测结果则是函数的输出值。

因此，我们能否预知未来取决于两个条件：第一，我们是否能精准地获取粒子的初始条件。第二，我们是否能弄清楚整个宇宙的演化规则。两者缺一不可，那么，人类能同时做到吗？

要想知道人类是否可以预知未来，我们需要了解获取初始条件有什么难点，以及这个宇宙的演化规则本身究竟存在什么问题。我为大家总结出了获取初始条件的三大难点以及宇宙演化规则的三大局限。

获取初始条件的三大难点

获取初始条件的第一个难点就是光速的限制。1814年，法国数学家皮埃尔-西蒙·拉普拉斯提出“拉普拉斯妖”这种假想的生物。他是这样描述这种生物的：如果拉普拉斯妖知道宇宙中每个原子在某一个时刻的确切位置和动量，那么它就能够使用牛顿的运动定律来预测宇宙的未来。这看似很合理，但其本身就存在三个致命的问题。

第一个问题，宇宙中所有的信息交换并不是瞬时的，信息的交换速度上限是光速，所以我们获取的初始条件本身就已经有了延迟，是来自不同时刻的信息。第二个问题，虽然我们可以通过把距离纳入考量范围内来修正延迟，但是根据狭义相对论，同时是相对的，也就是说我们无法定义“同一时刻”。把时间划分为过去、现在与未来是没有意义的，每位观测者对原子在某一时刻的信息有着不同的见解。第三个问题，宇宙正在以超光速膨胀，由于光子追不上宇宙的膨胀，所以我们只能知道宇宙中部分原子的信息而不是全部。因此，光速这个上限从很大的程度上限制了拉普拉斯妖的存在。

当然，其实光速上限所导致的这三个问题并不是什么太大的问题，因为我们可以用狭义相对论对这些现象进行修正。此外，我们能以光速来定义一个可观测宇宙，在这个半径内的每个物体发出的光都有足够时间到达观测者处，是有因果律联系的区域。

获取初始条件的第二个难点是，宇宙中的信息量太大了。信息量的大小取决于四样东西。第一是物理系统的大小，物理系统越大，信息量就越大。第二是物理系统的演化时长，系统的演化越久，信息量就越大。第三是粒子的数量，粒子的数量越大，信息量就越大。第四是粒子的自由度，所谓的自由度指的是粒子的位置、动量和自旋之类的变量，粒子的自由度越大信息量就越大。根据计算，人类需要大约 10^{120}bit 的信息来描述整个宇宙的物质以及相互作用。很显然，这是人类不可能做到的。

当然，我们还是有办法克服信息量太大这个难点的。虽然我们不能对整个宇宙进行全局预测，但我们能做到局部预测，也就是缩小考量范围，通过减小物理系统来预测未来。当然，前提是这个物理系统必须是孤立的，也就是不会被外在因素干扰的。

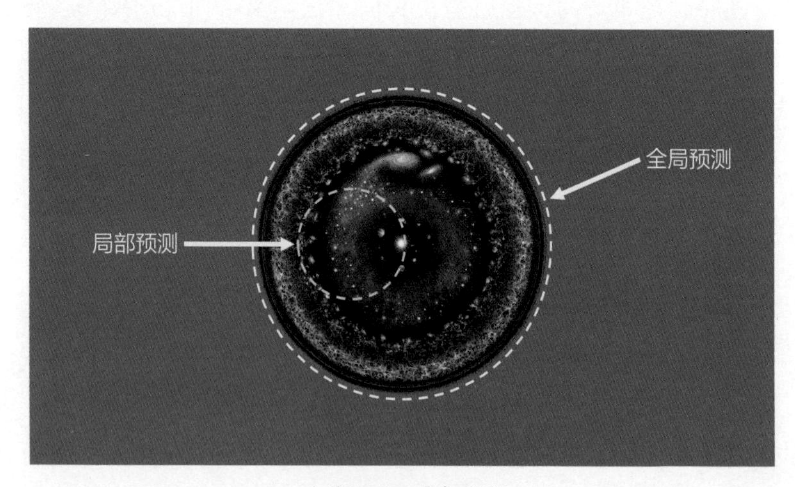

全局预测 vs 局部预测

就算我们有本事获取全宇宙的信息，我们获取的信息也不一定是正确的。这是获取初始条件的第三个难点——获取信息途中被干扰。在我们通过某些手段获取一个粒子的信息时，我们会不可避免地改变该粒子的信息。举个例子，如果我们要观测一个粒子处于什么位置，我们必须发射光子打到粒子身上，光子反射进我们眼睛里，我们才能获取粒子的位置信息。“观测”这个行为本身就是一个物理过程。所以这里存在一个问题，那就是光子本身的动量会影响粒子的动量，我们对粒子的观测会变得不准确。当然，光子对较重的原子的影响可以忽略不计，但是光子对于非常轻的基本粒子的影响非常大。

不仅如此，我们如果想观测比可见光的波长还要小的基本粒子，就需要波长非常短的物质波来观测（高频光子很难聚焦，所以用物质波更合适）。波长越短，动量就越大，高能物质波会严重干扰基本粒子的动量。身为观测者的我们会直接影响观测结果，所以想精准无误地获取基本粒子的初始信息是不可能的。

宇宙演化规则的三大局限

就算我们能精确无误地获取整个宇宙的初始条件，宇宙本身的演化规则也存在一些问题。首先，我们需要思考一下物理规律是否会随着时间变化而变化。这是宇宙演化规则的第一个局限——会变化的物理规律。从经典的牛顿的运动定律、近代的爱因斯坦的相对论，到现代的量子场论和大统一理论，甚至未来的万有理论，人类不断地尝试用更准确的公式或方程来描述这个宇宙的物理规律。人类的梦想就是用一个有总括性和一致性的物理框架来描述宇宙中所有的物理现象。有了这些复杂的公式，或许我们能真正做到预测未来。

我们暂且不论人类是否有足够的能力创造这些公式，这里还有一个致命的问题，那就是我们不能确保物理规律不会随着时间变化而变化。比如今天的牛顿定律是 $F=ma$，或许明天的牛顿定律就变成 $F=ma^{1.0001}$ 了。不仅如此，我们也不能确保物理常数是个“常数”。所谓的物理常数也有可能随着宇宙膨胀而变化，而且也没人能担保人类发现的物理规律适用于宇宙的每个角落，或许每个部分的宇宙有它自己的物理规律。这就好比某个函数不是固定的，今天的函数是 $f(x)$，明天的函数是 $g(x)$，后天就变成了 $h(x)$。

退一万步来说，就算我们得到了最准确的公式来描述整个宇宙，前面提到的获取精确初始条件的局限性也会导致完全不一样的预测结果。这是宇宙演化规则的第二个局限——混沌系统。宇宙本身是个混沌系统，而混沌系统的一个特点就是对初始条件异常敏感。随着时间的推移，混沌系统能把初始条件中的任何细微缺陷或差别放大成完全不一样的结果。

1961 年，美国气象学家爱德华·洛伦茨使用一台计算机对天气进行了模拟。他将原始数值0.506 127省略为0.506后，惊讶地发现这微小的误差引发了巨大的计算结果偏差：一次计算结果预测了晴空万里，而另一次计算结果却预测了电闪雷鸣。这就好比某个函数的输入值 x 少了那么一点点后给出了完全不一样的结果。所以，虽然混沌系统是确定的，但它们是不可被预测的。

几乎相同的初始条件给出截然不同的结果

小贴士

混沌理论是关于非线性系统在一定参数条件下展现分岔、周期运动与非周期运动相互纠缠，以至于通向某种非周期有序运动的理论。

就算我们得到一个近乎完美的公式以及无限精确的初始条件，我们对宇宙的预测结果也将会一塌糊涂，其根本原因就是我们的宇宙是随机的。这是宇宙演化规则的第三个局限——量子概率。如果我们投掷一枚硬币，有 50% 的概率会正面朝上，50% 的概率会反面朝上。同样，如果我们让计算机随机产生 1 至 10 的数字，我们有 10% 的概率获取其中一个指定的数字。当然，由于计算机是通过某个函数给出结果，所以计算机的随机并不是真的随机，而是伪随机。

同样，投掷硬币并不是真正意义上的随机，只要用完全一样的初始状态重复实验，就一定会给出相同的结果。这是因为投掷硬币本质上是被多个因素影响的，比如力度、气压、温度、地点、高度和风速等。只要我们能复刻这些初始条件，我们一定能得到相同的结果。所以计算机的数字生成和投掷硬币都是可预测的，并不是真正意义上的随机。

量子世界里的随机才是真正的随机，是不能被预测的。也就是说，即使时间倒流让具有量子效应的物理系统回到初始状态，我们也不能确保该系统演化后的结局依旧是相同的。由于宇宙中的微观的物理过程都具有量子效应，所以宇宙的演化过程是有概率性的，是不能被预测的。这就好比某个一对多的函数，一个输入值能给出两个不同的输出值。

以上就是限制我们预知未来的三大难点和三大局限。就算我们能克服以上所有的难点与局限，我们可能也无法真正地预知未来。这是因为我们预知未来后会不可避免地改变未来，那么其实我们并没有真正地预测未来的结局。听起来有点绕。用比较专业的术语来说，我们必须把身为预测者的自己计算在内，我们才能真正做到预测未来。然而，这将会造成计算结果的无限递归以及无限“套娃”。最终我们无法得到预测结果，这是因为，从根本上，预测未来和改变未来并不能同时进行。

宇宙的五种结局

宇宙是如此浩瀚，人类曾经一度认为宇宙是永恒存在的。其实根据现代物理学，我们的宇宙或许存在终结的一天。这里我为大家总结了宇宙可能出现的五种结局。

真空衰变

如果真空会衰变，那么宇宙会迎来毁灭吗？这是宇宙的第一种结局——真空衰变。根据量子场论，我们的宇宙中充满了量子场，每一种量子场对应一种粒子。量子场的场值在最低能量态是0，然而有一种量子场例外，那就是希格斯场，希格斯场的场值在最低能量态不是0，因此基本粒子能持续性地通过与希格斯场发生相互作用而获得质量。

然而，希格斯场可能同时具有全局极小值和局部极小值。全局极小值的能量态是“真”的真空，而局部极小值的能量态是“假”的真空。目前物理学家并不确定我们宇宙中的希格斯场处于哪一种真空中。

如果我们宇宙中的希格斯场处于真的真空中，也就是处于最低能量态，那就没什么问题。但如果我们宇宙中的希格斯场处于假的真空中，那么问题就大了。量子隧穿效应可以让希格斯场的势能穿过屏障，让希格斯场的假的真空变成真的真空。而这将会释放巨大的能量，并像个泡泡一样以光速扩散，这个泡泡会让整个宇宙的真空变成真的真空。

这就好比鸡蛋放在桌子上是安全和稳定的，但放在桌子上的鸡蛋并不是处在最低能量态。鸡蛋如果受到一些扰动，可能会坠落到地上并摔破。桌子是假的真空，而地面才是真的真空。

不过我们也不用过于担心。第一，真空衰变发生的概率非常小。第二，就算真空衰变在宇宙中的某处发生了，“真空泡泡”也追不上以超光速膨胀的宇宙的速度。

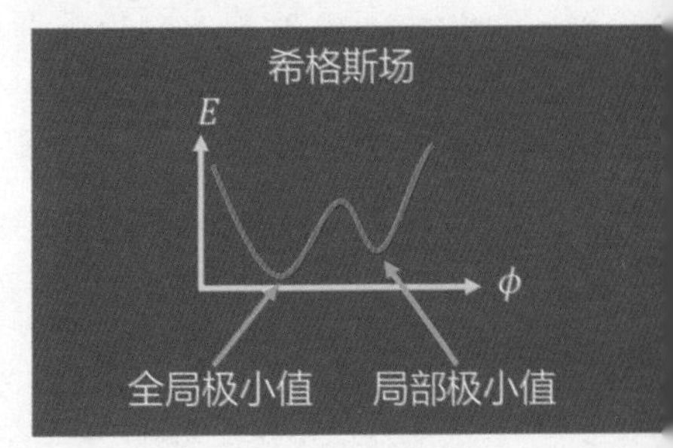

希格斯场

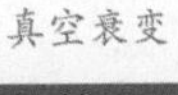
真空衰变

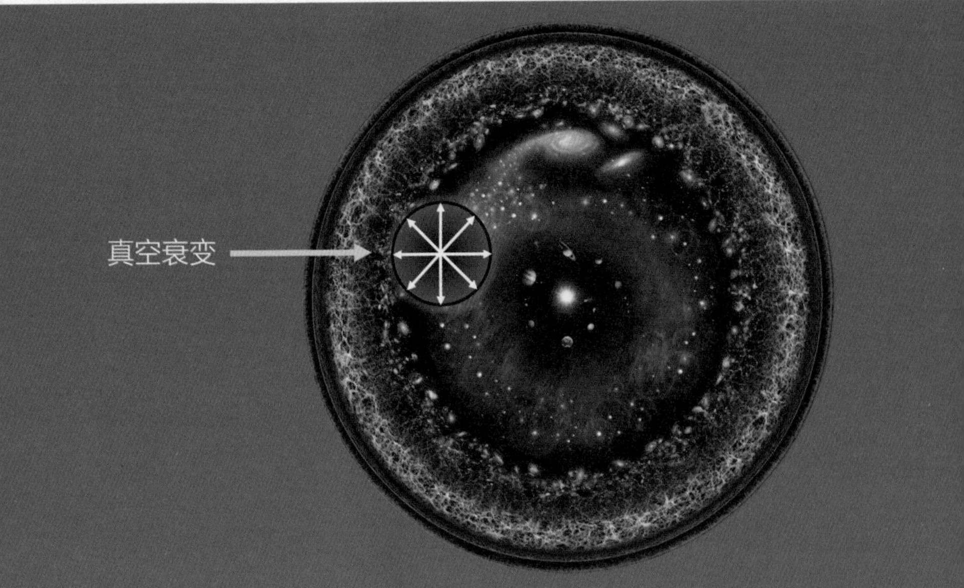

大坍缩

如果万物之间存在引力，那么宇宙会因引力而坍缩吗？这是宇宙的第二种结局——大坍缩。

1687 年，牛顿发表了《自然哲学的数学原理》，其中包括他的万有引力定律。5 年后，一位名为理查德·本特利的年轻牧师给牛顿写了一封信问道：在有限的宇宙中，如果所有的星星相互吸引，它们不会塌缩成一个点吗？牛顿同意了这一观点，并认为星星必须被精确地放置，才能维持这样一个不稳定的平衡状态。后来牛顿认为上帝会持续不断地修正行星的位置，以防止太阳系坍塌。牛顿也认为人类需要一个奇迹来防止太阳和星星因引力而彼此靠近。很显然，这个观点是错误的，因为他没有考虑到恒星可以通过做圆周运动来避免坍塌。当然，我们不能确保恒星的运动是永恒的，这是因为宇宙中有太多不确定因素了，所以恒星会互相吸引而坍缩并非无稽之谈。

1915 年，爱因斯坦发现了广义相对论场方程，预言了无论初始条件如何，宇宙中所有的物质都会因引力而坍缩成一个巨型黑洞。为了维护静态宇宙模型，爱因斯坦在他的场方程中加入了一个提供排斥力的宇宙项，与引力达到了某种平衡。然而到了 1929 年，美国天文学家埃德温·哈勃通过光谱发现了宇宙正在膨胀，而且是加速膨胀。这一发现推翻了爱因斯坦的静态宇宙模型，随后爱因斯坦自叹那是他一生中犯下的最大错误。

虽然宇宙正在膨胀，但物质能通过引力使宇宙膨胀速度慢下来，甚至在某个时间点，宇宙会停止膨胀并开始收缩。这就好比我们把小球往上抛，整个过程可以分为三个阶段：减速上升，停止上升，加速下坠。对应到大坍缩的过程，就是减速膨胀、停止膨胀和加速收缩。如果大坍缩真的发生了，那么最终所有的物质和能量都会被压缩到一个奇点之中。这个奇点的密度会有无限大，温度会有无限高，无论是时间还是空间，都将不复存在。然而，大坍缩发生的前提是引力必须能战胜宇宙膨胀，而宇宙的结局就是由引力强度和宇宙膨胀速度决定的。我们有两种方法来判断引力和宇宙膨胀谁占上风。

第一种方法是通过观测宇宙的曲率，第二种方法是计算物质的密度。先来说第一种方法——观测宇宙的曲率。如果宇宙的几何形状是正曲率的，那么它具有两大特性：第一，三角形内角和大于180°。第二，“平行线”会相交。在这种情况下，宇宙的几何形状类似于一个球面，这种宇宙也可以被称为闭合宇宙。闭合宇宙的结局就是先减速膨胀，再停止膨胀，最后加速收缩。如果宇宙的几何形状是负曲率的，那么宇宙并没有足够的质量来停止宇宙的膨胀。负曲率宇宙具有以下特性：三角形内角和小于180°，“平行线”会逐渐互相远离。在这种情况下，宇宙的几何形状类似于一个马鞍面，这种宇宙可以被称为开放宇宙。开放宇宙的命运是无止尽地膨胀下去。

再说第二种方法——计算物质的密度。我们的宇宙有一个临界密度，能决定宇宙的结局，而这个临界密度大约是5个氢原子/m^3。如果物质的密度大于宇宙的临界密度，那么物质的引力足以让宇宙发生坍缩。

由这两种方法得出了什么结论？第一，通过测量宇宙微波背景辐射，物理学家发现了宇宙的曲率几乎等于0。第二，通过计算宇宙中所有物质的密度，物理学家发现了物质的密度恰好约等于临界密度。由于物质的密度不足以让整个宇宙坍缩，所以目前的观测数据并不支持大坍缩这种结局。

大反弹

我们都知道宇宙正在膨胀，如果我们倒放宇宙膨胀的过程，就能得到一个奇点。而这个奇点就是宇宙大爆炸的奇点。大胆一点，如果我们继续倒放呢，我们似乎也可以得到另一场宇宙大爆炸。这暗示着宇宙一直在经历循环，也就是宇宙发生大爆炸后，再经历大坍缩，坍缩成一个奇点后再发生大爆炸。这是宇宙的第三种结局——大反弹。

如果宇宙的结局是大反弹，那么宇宙的年龄实际上更大，而不是只有137亿年。我们的宇宙或许已经经历了无数次循环，而这样的宇宙的寿命是无限的。此外，广义相对论和量子场论预测宇宙的体积会在10^{-43}s后翻倍，而目前观测数据表明宇宙的体积在100亿年后才翻倍。这里前前后后差了几十个数量级，因此被称为物理学史上最糟糕的理论预测，而这个问题被称为宇宙学常数问题。

然而，宇宙大反弹模型能解决宇宙学常数问题。这是因为宇宙能通过不断的循环，把宇宙学常数调节至非常小的数值，调节至恰好能让宇宙形成恒星，孕育出生命。然而，虽然宇宙大反弹模型能解决宇宙学常数问题，但是前面也提到了，目前的观测数据并不支持大坍缩，所以大反弹也不一定是宇宙的真实结局。

大撕裂

如果宇宙无止境地膨胀下去，那么原子会被撕裂吗？这是宇宙的第四种结局——大撕裂。1998年，物理学家通过观测Ia型超新星，发现了我们的宇宙不只是在膨胀，而且是在加速膨胀。也就是说，我们今天观测到的红移量大于昨天的红移量。这意味着主宰宇宙膨胀的哈勃常数并不是常数，而是会随着时间增大的。如果宇宙能“无视”引力进行加速膨胀，那么一定存在持续性提供排斥力的暗能量，而且这种暗能量的密度必须保持不变。也就是说，这种暗能量会随着宇宙的膨胀而增加。随着时间的推移，暗能量将会主宰整个宇宙。

大撕裂

如果发生大撕裂，那么整个过程是这样的：首先，星系之间会互相分离，而这是目前正在发生的。接下来，星系本身会开始分散，这是因为引力无法让恒星“团结”在一起了。星系分散后，类似太阳系的行星系统会失去引力束缚而解体。随着时间的推移，星球本身也会被撕裂。当然，我们都知道引力是四大基本相互作用里最弱的一个，所以当暗能量强于电磁力时，原子之间的化学键将会断裂。当暗能量强于强力时，原子本身将会被撕碎。到了某种程度，暗能量甚至会撕碎时空本身，宇宙将不复存在。

那么问题来了，暗能量的密度足以撕裂整个宇宙吗？目前的观测数据表明，引力和暗能量正处于一种微妙的平衡状态。所以宇宙的结局应该不会是大撕裂，即使会发生大撕裂，也要等到500亿年之后。

热寂

当宇宙的熵达到最大之后，宇宙会“死”吗？这是宇宙的第五种结局——热寂。根据热力学第二定律，如果我们把宇宙当成一个孤立系统，那么宇宙的熵将趋于极大值。宇宙中有很多增加熵的方式：第一，系统体积越大，熵就越大。所以膨胀的宇宙会让能量和物质变得更加分散，从而增加了熵。第二，恒星经历一系列的演化时会释放出辐射或粒子，最终恒星将耗尽它们的燃料而死亡。恒星从形成至死亡的每个阶段都会导致熵的增加。第三，粒子的衰变也会导致熵增。第四，你家里的冰箱也会导致熵增。这里不难看出，从大尺度至小尺度，似乎所有的物理现象都会让宇宙的熵趋于极大值。

当宇宙的熵接近极大值时，会是怎样一幅场景？那时整个宇宙将会变得非常均匀，几乎没有任何形式的结构或秩序，能量将均匀分散到整个宇宙中，宇宙的温度越来越低，逐渐接近绝对零度。在这种状态下，宇宙中将没有可用的能量，也就是不能用来做功。这使得宇宙中任何形式的生命或者智慧生命都不可能存在，整个宇宙将陷入均匀的无序状态，直到永远。其实，无论宇宙膨胀与否，宇宙的熵都会趋于极大值，只是速度快慢的问题。

那么热寂真的有可能发生吗？目前的观测数据认为热寂是可能性最大的结局，不过即使热寂会发生，也要等数万亿年之后，而且还得看质子是否会衰变。有趣的是，量子效应或庞加莱回归有可能让热寂中的宇宙起死回生。当然，这又是另一个话题了。

以上就是宇宙的五种结局。无论宇宙的结局是什么，我们都应该珍惜当下，在有限的生命中做无限有意义的事。

对于多数人而言，时间只是一个平平无奇的概念，只用来表达一个事件中的某一时刻。在物理学中，时间也被作为一个背景参数，描述物体的运动和变换过程。然而，时间到了爱因斯坦的时代就具有新的性质了，不再是我们所熟悉的时间了，以至于许多人开始探讨时间到底是不是一种幻觉。本章将会为大家深度解析时间的本质。

时间

理想的时间观

人类真的只创造了计时工具，而不是时间本身吗？千百年来，人类发明了各种计时工具来测量时间，从日晷、机械钟，到近代的原子钟，人类不断提高时间测量的精度。随着时间的推移，越来越多的人开始追问和探索时间的本质。在探索的过程中，人类意识到时间这个概念并没有那么简单，因为时间这个概念一而再，再而三地刷新了人类的认知。迄今为止，时间这个概念依旧存在许多未解之谜。本章会为大家深度解析时间的本质。

时间的本质到底是什么？著名的古希腊哲学家亚里士多德是最早追问时间本质的哲学家之一，他认为时间是运动和变化的表现。对他而言，时间只是运动的记录，如果世间万物没有运动和变化，那么时间这个概念就不存在了。举个例子，每个时钟都有活动部件，如果活动部件不运动，我们就测量不了时间。有了运动和变化，我们才能测量时间。也就是说，世间万物的运动和变化是比时间更本质的存在。这似乎意味着时间仅仅是人类创造的概念，而时间本身并不存在。

亚里士多德的时间观影响了很多哲学家和物理学家，而他的时间观放到现在也不过时。在亚里士多德的基础上，牛顿让时间坐标化了。牛顿认为我们需要 4 个坐标或 4 个数字来定义某个事件，而这4个坐标分别为3个空间坐标和1个时间坐标。举个例子，约人吃饭时，我们需要告诉对方约会地点以及约会时间，这才是有意义的，只告诉约会时间不告诉约会地点，或者只告诉约会地点不告诉约会时间，都是无法完成约会的。

对牛顿而言，时间仅仅是宇宙某一时刻的标签。从某种意义上来说，牛顿的4个坐标系统也属于4维时空。此外，牛顿让时间数学化了。举个例子，在牛顿的力学理论中，时间是背景参数，这个参数被用来描述物体的运动和变化规律。牛顿认为时间是绝对的，也就是说，时间是不受环境影响的一个独立存在。牛顿的时间观影响深远，并在很大程度上沿用至今。

直到20世纪初，爱因斯坦提出了狭义相对论，牛顿的时间观才真正受到挑战。在相对论中，爱因斯坦把时间当成第4个维度，让时间与空间共同组成4维时空。根据爱因斯坦的时空观，时间与空间是互相联系的，不是互相独立存在的。爱因斯坦认为时间是相对的，时间会受到观测者的运动和引力场的影响。小至基本粒子，大至宇宙本身，无数实验已经证明了相对论是正确的。不过，虽然相对论经得起实验的推敲，但爱因斯坦的时间观还是引起了一系列的问题和争议，有些问题至今尚未解决。

当然，关于时间，还有不少哲学观点。比如现在论认为现在是真实存在的唯一时间，过去和未来只是我们对它们的认识，是幻觉。而永恒论或块宇宙理论认为，过去、现在和未来都是同样真实的。也就是说，过去、现在和未来同时存在，这也意味着未来已经注定了。而增长块宇宙理论认为过去和现在是真实存在的，而未来还不存在，是开放式的。这些哲学观点对物理是有帮助的，我在后面会告诉大家目前的物理理论比较支持哪一种模型。

人类理想中的时间是怎样的？著名的意大利物理学家卡洛·罗威利在他的书《时间的秩序》中总结出了人们普遍认为的时间具有的六大特性：独立性、统一性、同时性、方向性、连续性以及确定性。

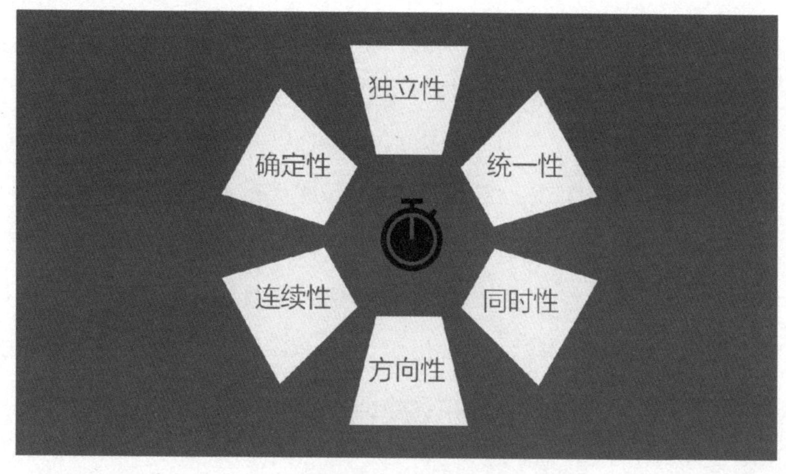

时间的六大特性

时间的第一个特性：独立性。时间是独立的。也就是说，时间不会受外部环境影响，或者说时间不可阻挡，没人能回到过去、穿越到未来或者把时间停下。所有生命最终都会走向死亡，在无情的时间面前，人类显得非常无力。因此，时间是独立的。

时间的第二个特性：统一性。时间是统一的。也就是说，时间面前人人平等。全世界的人拥有的时间都是“匀速”的，长短是一致的，没人能在一天内比别人多一个小时，尽管人们对时间流逝的感知是因人而异的。因此，时间是统一的。

时间的第三个特性：同时性。时间是有“同时性”的。如果我们认为两个事件是同一个时刻发生的，那么这两个事件就是同时发生的。这听起来有点绕，让我举个例子：假设你在早上 8 点钟起床，与此同时，你的室友在吃早餐，以及距离地球 1 亿光年的超新星爆发了，虽然你看不见这些事情同时发生，但你可以坚定地认为这些事件是同时发生的，只是光子需要一些时间到达自己的眼睛。这相当于站在上帝的角度来观察宇宙中所有事件的发生。因此，时间是有“同时性”的。

时间的第四个特性：方向性。时间是有方向的。时间的方向不能被逆转，时间只会恒定地从过去流向未来，这导致了人类能通过时间来区分过去与未来，这意味着过去与未来从根本上是不平等的。因此，时间是有方向的。

时间的第五个特性：连续性。时间是连续的。也就是说，时间是一个不断流动的连续过程，没有任何间隔或空洞。在数学上，时间被视为一个连续变量，我们可以使用任意精确的数值来表示时间。因此，时间是连续的。

时间的第六个特性：确定性。时间是确定的。时间的流动总是按照固定的顺序进行，也就是说，事件发生的顺序是确定的，而且事件的结果是唯一的。换句话说，宇宙从起点到终点的时间线只有一条，平行世界是不存在的。因此，时间是确定的。

以上就是理想时间的六大特性，而且这套时间观非常符合我们对时间的直观感受。至少在我们的日常生活中，这六大特性是正确的。正是因为时间具有这六大特性，人类才能制定一个时间标准，建立起相对稳定的社会。一旦时间这个概念变得复杂，那么全世界就乱套了。当然，这套时间观并不正确，我在后面会探讨这一套过度理想化的时间观是如何被颠覆的。

这里有个题外话：如果存在外星文明，他们会有时间这个概念吗？物理学家的答案是不一定。这是因为人类通过观察自然界中的循环事件才创造了时间和计时工具，并为时间制定了理想化的标准。假设 1 秒的定义是地球自转 1 周时间的 1/86 400，如果你告诉别人你上课用了 6 小时，那么你实际上是在说我上课用了地球自转 1/4 周的时间。这似乎意味着时间只是换算的中介。不仅如此，从伽利略的时代开始，时间这个概念就已经被抽象化和数学化，并间接导致时间这个概念一步步走向“衰落”。到了近代，物理学家发现量子引力的基础方程中并不包含时间这个变量，这意味着时间不是宇宙中最本质的存在。

被颠覆的时间观

前面提到了理想中的时间有六大特性，因为时间有这六大特性，人类才能制定一个时间标准，建立起相对稳定的社会。然而，这套时间观真的正确吗？

一直以来，人类认为时间是独立存在的，也就是时间不会受到外部环境的影响。然而，根据狭义相对论，物体的运动速度越大，其时间流逝就会越慢。不仅如此，根据广义相对论，在引力较大的地方，时间的流速会变慢。用最通俗的话来说，经常乘坐交通工具和住在低处会比别人的寿命长一些。这两种现象意味着时间会受到自身和外部环境的影响，因此，时间并不是不可阻挡的，时间是可以通过运动以及改变环境而改变的。

既然时间是可以改变的，那么时间旅行岂不是可行了？虽然时间旅行是可行的，但相对论中的时间旅行或许与大家想象中有些不一样。这是狭义相对论中的时间膨胀公式：

$$\Delta t' = \frac{\Delta t}{\sqrt{1-\frac{v^2}{c^2}}} \qquad (5\text{-}1)$$

式中，$\Delta t'$ 表示相对运动的观测者测量到的时间间隔，Δt 表示在静止参考系中测得的时间间隔，v 是相对运动的速度，c 是光速。

这个公式描述了时间在不同速度下的表现。根据这个公式，时间在速度低于光速、等于光速和超越光速的三种情况下有不同的结果。当速度低于光速时，时间会流向未来；当速度等于光速时，时间会暂停；当速度超越光速时，时间会流向过去。尽管该公式允许这三种情况发生，但狭义相对论也限制了物体的速度，也就是有质量的物体想达到光速必须具有无限大的能量。不仅如此，穿越回过去也会破坏因果律。

因此，想达到或超越光速基本上是不可能的。不过，穿越到未来是完全可以的，只要高速运动或者待在引力大的地方就能穿越到未来了。举个例子，如果我们坐在以接近光速运动的火箭上长达 10 分钟的时间，我们就能穿越到几十年后了。当然，这种时间旅行是单程的，是不能返回的。总的来说，时间不是独立的，而是会随着自身和外部环境的变化而变化的。

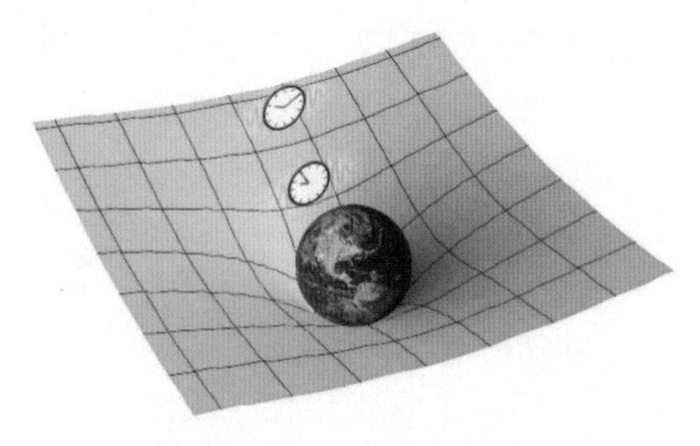

引力场与时间

一直以来，人类认为全世界的时间是统一的，也就是每个人在同一天内拥有同样的 24 小时。虽然不同地区的时间早晚有差别，但我们可以通过换算来修正这个时差。然而根据狭义相对论和广义相对论，观测者时间的快慢是由观测者的运动速度和引力场决定的，每个人经历的时间并不相同。因此，牛顿所认为的绝对的时间并不存在，掌管整个宇宙的绝对时钟并不存在。总的来说，时间并不是统一的，我们的宇宙中存在非常多的时钟。

一直以来，人类认为时间是有“同时性”的。人类常用“现在”这个词来描述当下时刻，事实上，绝对的同时并不存在。前面也提到了，时间并不是统一的，时间是因人而异的，这意味着同时这个概念是相对的。可能你认为这个宇宙中现在发生了一些事件，只不过光子需要一些时间到达你的眼睛，然而，这个想法是错误的，我们不能用上帝的绝对视角看待事件的发生。

由于每个人都有自己的时钟，所以每个人对于“现在”有着不同的定义，其他人的现在不一定是自己的现在。这个宇宙的舞台中心是观测者本身，并不存在所谓的上帝视角。对比这个星球和另一个星球的时刻没有意义，因为时间的概念是局部的，“现在”是由自己定义的，范围越小，时间的精确度就越高。

此外，在不破坏因果律的情况下，事件发生的顺序可以不一致，所谓的过去、现在与未来只是相对的概念，人类划分过去、现在和未来过于理想化了。因此，宇宙中并不存在所谓的同一时刻。总的来说，时间并没有“同时性”，每个人对同时有着不同的定义。

一直以来，人类认为时间是有方向的。时间从过去流到未来是天经地义的现象。对我们而言，过去与未来有本质上的区别，不是等价的。事实上，很多物理学家也认为，物理中没有任何方程能区分过去与未来，至少在微观层面，所有物理方程描述的物理现象都是可逆的，是满足时间反演对称性的，如果一种现象是正向发生的，那么这种现象的逆向发生也是被允许的。

在宏观层面，牛顿力学中，我们完全可以通过设定初始条件来重构过去和预测未来。这意味着过去与未来理应是等价的。那么问题来了，为什么我们只记得过去而不是未来呢？或许你认为这与热力学第二定律有关，然而事情并没有这么简单。假设粒子的扩散属于熵增现象，由于牛顿力学是满足时间对称性的，我们如果逆转粒子的运动方向，同样能发现熵减现象。用比较专业的术语来说，由于牛顿力学的可逆性，对于每个朝向更高熵的状态都存在着一个朝向更低熵的翻转状态。按理来说，熵增发生的概率应该与熵减发生的概率是相同的。

用简单的话来说，如果微观物理过程中时间是对称的，那么宏观物理过程中时间也理应是对称的。然而现实就是多数宏观过程的时间是不对称的，是存在方向性的。那么问题来了，我们可以断言时间的方向性只是一种宏观效应吗？

事实上，虽然多数微观过程的时间是没有方向的，也没有一个方程能区分过去与未来，但是实验发现，例外是存在的。比如中性 K 介子衰变的过程，是不满足时间反演对称的。K 介子和反K介子在互相转换的过程中，时间反演对称性被打破了。根据实验观测，反K介子转换为K介子这个过程比K介子转换为反K介子来得要快。这意味着基本粒子能告诉我们时间的方向，在微观层面，我们的自然界也不严格具有时间反演对称性。

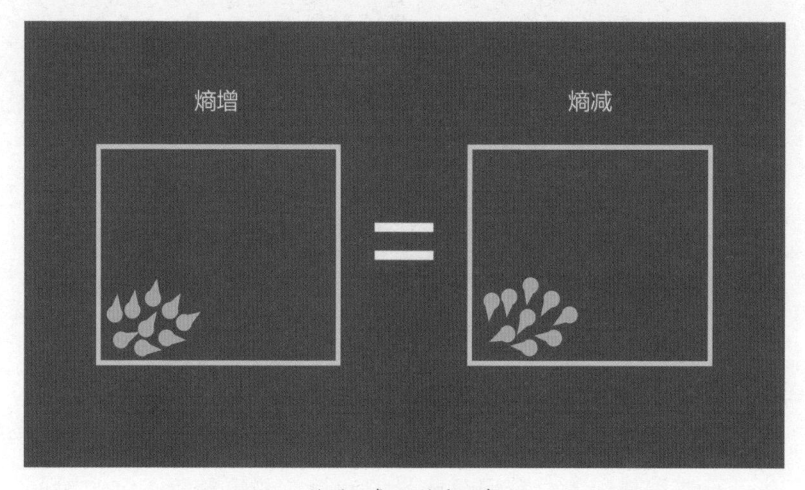

熵增现象 vs 熵减现象

一直以来，人类认为时间是连续的，也就是我们可以用任意精确的数值来表示时间。然而，量子场论颠覆了我们对时间的认知。根据量子场论，宇宙中所有的物理现象都是量子场之间的相互作用，而粒子被描述为量子场的激发态。这些场的数值是被量子化的，在非常小的尺度下，时空是离散的。然而，这与广义相对论矛盾，因为在广义相对论中，时空是“平滑”和连续的。

在广义相对论中，时间只是一个背景参数，用来描述物体运动的变化状态，这与牛顿力学有着异曲同工之妙。但量子场论认为，宇宙中的时空不是“平滑”的，而是有涨落的。那么问题来了，哪一种理论对时空的描述才是正确的呢？有些物理学家认为广义相对论是量子场论的低能有效理论，只能适用于大尺度范围，所以量子场论或许是比广义相对论更准确的理论。当然，量子场论和广义相对论都是非常重要的理论，缺一不可，所以物理学家试图通过结合量子场论和广义相对论来保住这两个理论。总的来说，时间不一定是连续的。

一直以来，人类认为时间是确定的，也就是宇宙的时间线从起点到终点只有一条。然而，量子力学颠覆了我们对时间的认知。在量子力学中，时间和能量属于共轭物理量，这意味着它们之间存在着不确定性关系。我们对其中一个量的测量越精确，就会导致对另一个量的测量越不精确。举个例子，我们对时间的测量越精确，我们对能量的测量就越不精确。如果时间是不确定的，那么理论上时间能处于叠加态，而这将会导致一个事件可以同时存在于过去和未来。所以宇宙中不止一条时间线，而可能有无数条时间线，平行宇宙是可能存在的。总的来说，时间不一定是确定的。

就这样，我们的时间观彻底被颠覆了，时间的本质和特性与我们的日常生活中的理解不符。当然，在我们的日常生活中，这些异样非常难被察觉。然而，事情并没结束，时间这个概念依旧存在很多问题和争议，以至于物理学家考虑过抛弃时间这个物理量。